序

　　本书中涉及的挂件、手把件基本上指的就是各类项饰和佩饰。佩饰是用绳子穿系其上的穿孔、挂于身上的装饰品，在古代包括璧、瑗、环、璜等，以及寓有宗教内涵或赏玩意味的工艺雕刻品等，今天包括的内容更多了，比如手机吊坠、皮包挂坠等等。

　　项饰和佩饰的佩戴与玩赏历史非常悠久，远远超过《木瓜》的创作年代。早在旧石器时代晚期，我国的祖先们就创造了项饰来美化生活，距今约25000年前的北京山顶洞人利用兽牙、骨管、石珠做成串饰来装扮自己。到了新石器时代，人们以海贝、骨、牙、石、玉等制作串饰及项链作为装饰就更加普遍了。此后历经几千年，人们同项饰和佩饰的密切关系随着历史文明的进程一直延续到今天。

　　现代生活中，可以见到很多人佩戴各种材质的挂件，无论人的贫富贵贱、摩登还是素朴，每个人的所戴、所珍藏之物都寄托了个人以及赠送此物的之人的美好愿望，关乎佩戴之人的福祉与吉祥。民间更有很多说法，譬如"男戴观音女戴佛"。还有一种讲究就是，倘若自己的贴身信物(吉祥物)不幸遗失了，会被认为是一件很不好的事情，一定要设法弥补挽救。甚至有放自己的血来消灾之说，虽然有些血腥，但足可以见到人们对自己随身佩戴之物的重视与珍爱程度，也可得知挂件与随身把玩件被人们赋予了更多的象征和寓意。

挂件和手把件自身富有天然的材质之美，从某种角度来说，它们自身的美激发了人们的想象力，与人们的精神追求和美好愿望结合起来，成就了其最终的意义。

拿中国最古老最深厚的玉石信仰来说，玉即是所有美好精神的凝缩。玉，美石也，自然界所有石头中最美的和最精华的。早在孔子总结玉的诸多美好品性，并倡导"君子比德于玉"之前，人们就已经和玉结下了长久的亲密关系，并赋予了它很多的意义。璧为祭天的礼器、象征身份地位的"六瑞"以及诸侯贵族相互馈赠的礼物；瑗、环也都作为交好的信物等等。

总而言之，人们对各种美好材质的挂件与手把件的佩戴与玩赏，有着悠久的历史；它与人们的生活密切相关，被人们赋予了丰富的精神寓意；而挂件与手把件的材质之美也是不能被忽略的，人们在长期的品鉴中积累了很多辨析材质的经验。本书对以上内容均有所涉及，值得在繁忙的工作、喧嚣的劳顿之余，品茗一读。

南风

2007年秋于北京

目录

壹　和田玉挂件与手把件

中华民族一向把玉视为文化的载体，历史上常记载有价值连城的美玉。在"完璧归赵"这个故事中，秦国愿意用十几座城池换取赵国的和氏璧就是一个非常典型的例子。

　　和田美玉产于号称"万山之祖"的昆仑山之中，古今闻名。秦朝李斯在他的《谏逐客令》中列举了四件稀世珍宝，其中一件就是和田玉。历史上著名玉雕所用的原料也大都是

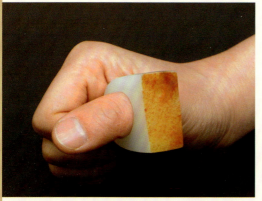

带皮籽玉扳指

和田玉。像《千字文》中所言"玉出昆冈"，而明代编纂的《天工开物》中则明确记载："凡玉……贵重者，尽出于阗。"（注：于阗，即今天的和田）

和田玉手把件

在我国，和田玉是玉器中的典型材质，同时也是中华民族玉石文化最重要的载体，从现有资料看，至少已有7000多年的历史了。古往今来，人们把一切美好的东西以玉喻之，更把心中的理念寄托于玉。

和田玉之美，不仅在于它的材质超绝，更在于其造型之美、雕琢之美和内蕴之美，这种人文之美的蕴涵，使其远远超越了"山岳精英"的自然属性，更多地寄托、包蕴了中国人美好的理想追求和精神向往。

在古时候，玉礼器是王权和等级的象征，用玉殓葬，是祈求永生的手段，作为中国传统思想核心的儒家思想则认为君子应"比德于玉"……

玉佩光洁温润，可谓之"仁"；

不易折断，且断后不会割伤肌肤，可谓之"义"；

佩挂起来整齐有序，可谓之"礼"；

击其声音清越优美，可谓之"乐"；

瑕不掩瑜，瑜不掩瑕，可谓之"忠"；

……

在这种理念下，佩玉以洁身明志，"君子无故玉不去身"；盘玉则躬身修德，"守身如玉"也就丝毫不奇怪了。可以这样说，玉凝结了中华民族的精神品格，见证了中华民族的成长历程，陶冶了中华民族的思想情操，形塑了中华民族的君子风范。从某种程度上说，不了解玉就不可能真正地了解中华文明。

第一节　和田玉的分类

和田玉的分类方法很多，但以下两种方法是人们最常见的。一种是按照和田玉的产出方式来划分，另一种则是按照和田玉的颜色来划分。

一、按产出方式划分

钟馗(籽玉)

按照这种方式，和田玉石自古以来就分为山产和水产两种。水产的称为籽玉，山产的叫宝盖玉。采玉者则根据和田玉产出的不同情况，又将其分为山料、山流

白玉龙牌(山流水)

水、籽玉三种：

1.山料

山料又名山玉，或叫宝盖玉，指产于山上的原生矿。山料的特点是玉的块度大小不一，呈棱角状，质量常不如籽玉。

2.山流水

山流水是指原生矿石经风化崩落，并由河水搬运至河流中上游的玉石。其特点是距原生矿近，块度比较大，棱角圆润，表面较光滑。

3.籽玉

籽玉（籽料）又名子儿玉，是指原生矿经剥蚀被流水搬运至河流中的玉石。其特点是块较小，常为卵形，表面光滑。因为经长期搬运、冲刷、分选，所以籽玉一般质量较好，但产量较低。

蛇虎鸡心配(籽玉)

二、按玉石颜色划分

依颜色不同，和田玉可分为白玉、青玉、墨玉、黄玉四大类，其他颜色的和田玉也可根据颜色倾向归入此四类中。

1.白玉

颜色洁白、质地纯净、细腻，光泽温润，

白玉观音吊坠

为和田玉中的优良品种。在汉代、宋代、清代几个制玉的繁荣期，都极重视选材，优质白玉往往被精雕细刻成"重器"。

（1）羊脂玉

羊脂玉因色似羊脂，故名。质地细腻，"白如凝脂"，温润光洁，给人一种刚中见柔之感。这是白玉中最好的品种，目前世界上仅新疆有此品种，产出十分稀少，极其名贵。同等重量玉材，其经济价值几倍于白玉。汉代、宋代和清乾隆时期都极推崇羊脂白玉。

龙凤纹鸡心璧（汉）

（2）青白玉

质地与白玉没有显著的差别，只是玉色在白中泛有淡淡的青绿色，为和田玉中三级玉材，经济价值略次于白玉。

2. 黄玉

基制为白玉，因长期受地表水中氧化铁渗滤在缝隙中形成黄色调。根据色度变化定名为：蜜蜡黄、栗色黄、秋葵黄、黄花黄、鸡蛋黄等。色度浓重的蜜蜡黄、栗色黄极罕见，其价值可抵羊脂白玉。在清代，由于黄玉与"皇"谐音，又极稀少，经济价值一度超过羊脂白玉。

黄玉鹅首带钩（明）

3. 青玉

青玉从淡青色到深青色，种类很多，

青玉螭龙印章

古籍记载有虾子青、鼻涕青、蟹壳青、竹叶青等等。现代以颜色深浅不同，也有淡青、深青、碧青、灰青、深灰青等之分，储量丰富，是历代制玉采集或开采的主要品种。

4. 墨玉

墨玉由墨色到淡黑色，其颜色多为云雾状、条带状等。工艺名称繁多，有乌云片、淡墨光、金貂须、美人须等。在整块料中，墨的程度强弱不同，深淡分布不均，多见于与青玉、白玉过渡。一般有全墨、聚墨和点墨之分。聚墨指青玉或白玉中墨较聚集，可用做俏色。点墨则分散成点，影响使用。墨玉大都是小块的，其黑色皆因含较多的细微石墨鳞片所致。

墨玉鼻烟壶（清）

和田玉除上述四类外，古籍中提到的"赤如鸡冠"的赤玉，在昆仑山、阿尔金山均未见，只见具暗红皮色的籽玉和具黄褐皮色的糖玉，其皮色薄，块度也小。古玉至今未见赤玉工艺品，所以不单独作为一个品种列出。

第二节　收藏与鉴别辨伪

和田玉，无论是挂件还是手把件，我们必须切记一点：真货第一，质量第一。识别玉的好坏，关键要注意其玉色、玉质、玉性等。不论

玉石鉴赏

是白玉、黄玉、青玉还是碧玉，其玉色一定鲜明，不邪不灰而无杂色者为最佳。就玉性和玉质而言，要求细而白润，纯而无杂。无论是什么颜色的宝玉，质地越细润越好，越细也就越显温润。

　　笔者在《手串把玩与鉴赏》一书中，着重介绍了一些鉴别方面的知识，有兴趣的读者可以参看。当时，由于篇幅的关系，笔者对于所谓的"以石代玉"只是很笼统地涉及了一下，并没有展开来说。鉴于很多读者的要求，现在着重谈一下这个问题。

　　注意"以石代玉"，主要是防止商家以硝子来充当白玉。怎样识别呢？我们可以从颜色、玉性、断口、杂质、比重和声音等几个方面来进行辨别。

　　（1）颜色：一般来说，白玉的白色之中通常微泛青色，极为洁白、纯白色者比较少；而硝子则不同，大都呈现出一种匀净的白色。如果在灯下映照的时候，硝子还会带有微橘黄色光。

　　（2）玉性：和田玉的一个主要特性就是温润匀腻，如膏似脂，而硝子虽然也给人一种莹润的感觉，但过于精光外露，于莹润之中时有贼光闪烁。

　　（3）断口：这是一个最明显的特征，尤其需要注意。通常情况下，白玉的断口为石性特点，颜色暗碴无光，形状参差不齐或呈锯齿状；而硝子的断口则为料性特点，亮碴有光，性如贝壳。

（4）杂质：白玉内部不会有气泡气眼，但是硝子体内却有气泡气眼，有时因半透明的色而不易被观察到，有时因硝子质量好而气眼极少。此外，我们还可以从表面进行检验，如果发现在器物表面有气泡（即人们通常所说的"沙眼"），则证明是硝子，因为白玉是没有这种特点的，对于内部的气泡亦可在强光下检查而得出究竟。

（5）比重：白玉的比重在2.9～3.1之间，硝子在2.5左右。因此，同样大小的白玉和硝子相比，后者要感觉轻飘一些。

（6）声音：白玉的声音凝重，而硝子声则清脆响亮，在有些情况下可以通过轻轻的碰击，从白玉和硝子所发出的声音不同来加以辨识。

（7）硬度：和田玉的硬度是很高的，韧性也很强。和田玉可以划玻璃，而于自身无损。对于假冒"和田玉"的石头来说，只有水石可以划玻璃而自身无损伤。而水石常用来冒充和田玉的极品羊脂玉，羊脂玉是羊脂肪样的白色，水石是苍白的颜色；羊脂玉是油脂光泽，水石较干涩，光泽不好。和田玉的结构呈棉絮状，在不能划玻璃的情况下，应仔细分辨玉的颜色和内部结构，多作比较。

此外，大家还需注意以下几种可能假冒的东西：

（1）大理石：这种石头颜色呈白色，

大理石

光泽是蜡状光泽，内部结构为水线状、条纹状。

（2）岫玉：产于辽宁省岫原县，是中国另外一种玉石。岫玉产量较大，硬度低，易断裂，在价值上仅次于和田玉。岫玉内部结构呈云片状，以绿色为主，主要用来冒充和田青白玉。

岫玉手镯

（3）乳化玻璃：这是一种纯粹的仿冒品，是人工仿照和田玉用玻璃合成的。它大多没有明显的结构，用肉眼可以看见内部有气泡。

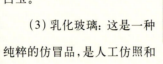

乳化玻璃

第三节　盘玩与禁忌

盘玩是玉器收藏者最大的乐趣之一。盘玉非常讲究，一旦盘法不当，一块美玉就会毁在自己的手上，所以收藏家们盘玉时都显得格外谨慎。清代大收藏家刘大同在其著述的《古玉辨》中明确提出了文盘、武盘和意盘的概念，被以后的收藏家们奉为圭臬。

一、文盘

将挂件与手把件放在一个小布袋中，贴身而藏，用人体较为恒定的温度滋润玉石，一年以后再在手上摩挲盘玩。文盘耗时费力，往往三五年不能奏效，若是玉石入土时间太长，盘玩时间往往十来年，甚至数十年，清代历史上曾有父子两代盘一块玉器的佳话，穷其一生盘玩一块玉器的事，史不绝载。南京博物馆藏一件清代出土的玉器，被盘玩得包浆锃亮，润泽无比，专家估计这件玉器已被盘玩了一甲子（60年）之上。

经过长期盘玩的高古玉

二、武盘

所谓武盘，就是通过人为的力量不断盘玩，以求尽快达到玩熟的目的。这种盘法玉器商人采用较多。玉器经过一年的佩戴以后，硬度逐渐恢复，就用旧白布（切忌有颜色的布）包裹后，雇请专人日夜不断地摩擦，玉器摩擦升温，越擦越热，过了一段时期，就换上新白布，仍不断摩擦，玉器摩擦受热的高温可以将玉器中的灰土快速地逼出来，色沁不断凝结，玉的颜色也越来越鲜亮，大约一年就可以恢复玉器的原状。但武盘稍有不慎，玉器就可能毁于一旦，故而极不可取。

三、意盘

是指将玉器持于手上，一边盘玩，一边想着玉的美德，不断从玉中吸取精华，养自身之气质，久而久之，可以达到玉人合一的高尚境界：玉器得到了养护，而盘玉人的精神也得到了升华。意盘是一种极高境界，需要面壁的精神，与其说是人盘玉，不如说是玉盘人，人玉合一，精神通灵，历史上极少能够有人达到这样的精神境界，遑

鹅（籽玉）

挂件　手把件把玩与鉴赏

和田玉手镯

论浮躁的现代人了。

意盘精神境界要求太高，武盘须请人日夜不断地盘，成本太大，现在的玉器收藏家大多采取文盘结合武盘的方法，既贴身佩戴，又时时拿在手中盘玩。不过无论采取什么样的盘玉方式，新坑玉器不可立马盘玩，须贴身藏一年后，等硬度恢复了方可。

盘玉的禁忌很多，忌跌、忌冷热无常、忌火烤、忌酸、忌油污、忌尘土、忌化学物质。如果是意盘，还忌贪婪、忌狡诈。所以，那些用各种化学药剂、烟熏火烤的方式盘玉简直是暴殄天物，应该受到爱玉之人的唾弃。

第四节　保养宜忌

和田玉是有生命的，收藏赏玩和田玉的人都像爱护孩童一样精心"养护"自己的美玉。不过，如果不注意保养的话，就很有可能伤了自己的美玉，所以一定要非常留心才行。

（1）避免与硬物碰撞。和田玉的硬度虽高，但是受碰撞后很容易开裂，有时虽然用肉眼看不出裂纹，其实玉内部的分子结构已受破坏，有暗裂纹，这就大大损害了其完美程度和经济价值。

（2）尽可能避免灰尘。挂件与手把件表面若有灰尘的话，宜用软毛刷清洁；若有污垢或油渍等附于挂件与手把件表面，应以温热的淡

肥皂水洗刷，再用清水冲净。切忌使用化学
除油剂。如果是雕刻十分精致的收藏，灰尘
长期未得到清除，则可请生产玉器的专业工
厂、公司清洗和保养。

（3）尽量避免与香水接触。

（4）不用时要放妥。最好是放进挂件与
手把件袋内，以免擦花或碰损。如果是高档
的和田玉挂件与手把件，切勿放置在柜面

和田玉手把件（撒金皮）

上，以免在玉石表面积满尘垢，影响透亮度。

（5）需要注意的地方。擦拭的时候，要用清洁、柔软的白布，不
宜使用染色布或纤维质硬的布料。尤其需要注意的是，切忌放入化学
制品，这样会破坏玉的光泽。

简言之，玉怕火，怕惊（磕碰），怕油腥。对于和田玉来说，最好
的保养方法就是贴身佩戴，因为其内部的微矿元素是活的，可被人体
吸收，对人身体有益，而人身体所出的汗液亦可养玉，使和田玉的光
泽越来越好，这就是人们常说的"人养玉，玉养人"。

第五节　精品鉴赏

貔貅

这款手把件的材质为山流水，主题图案为一尊貔貅，雕刻细致，立体感强，神态威猛，祥和充盈，大气庄重，非常精美。

喜鹊登梅

这件玉牌的材质为黄玉，主题图案为一只喜鹊欢快地站在梅花枝头，寓意"喜上眉梢"。作品雕工精湛，主题欢快，是一件难得的艺术佳品。

鹿鹤同春

这款手把件的材质为羊脂白玉，主题图案为一头神鹿与一只仙鹤，鹿通"陆"（即六），鹤通"合"。所谓"六合"，是指东、西、南、北以及天、地六方，泛指宇宙；同春，谓共同庆贺，称颂之意。

卧犬

这款手把件的材质为顶级的羊脂白玉，主题图案为一卧犬，雕工精美，线条生动，形象栩栩如生，让人爱不释手。

顽童(羊脂白玉)

瑞兽

色温润有黄色玉皮，造型
简练，琢刻精细，抛光
好，玉皮受浸沁，色泽更
显柔美。

鸳鸯玉佩（寓岁
岁平安之意）

鱼龙变（山流水）

观音＋弥勒佛
民间有"男戴观音女戴佛"之说

白玉观音牌

23

青玉双鱼(清)

青白玉虸蛀挂件

小贴士

一　中国玉石产地

(1) 吉林所产玉石有长白玉。

(2) 辽宁玉石有三个品种，其中两种全国出名：一是代表我国岫岩玉鼻祖的岫岩县玉石，简称岫玉；一是阜新的玛瑙玉石；另一种是海城出产的海城玉石。

(3) 新疆玉石分为和田羊脂白玉、青玉、碧玉、墨玉等。

(4) 西藏所产玉石有仁布玉石、果日阿玉石、白玉石、象牙白玉石、琥珀石和紫水晶等。

(5) 青海所产玉石品种有岫玉、柴达木玉、墨绿玉、都蓝玉等。

(6) 甘肃主要有祁连山玉和鸳鸯玉。

(7) 四川所产玉石有碧玉、龟纹玉、夏珠玉、黑玉、牙黄玉、会理玉、青金石玉、夏珠翠玉、蓝纹玉、桃花玉、软玉和龙溪玉等。

(8) 贵州玉石有金星翠玉、贵翠玉、紫萤玉、烛煤玉、碧玉、绿玉髓、玛瑙等。

(9) 云南玉石有碧玉、葡萄玉、东陵玉、岫岩玉、蓝玉髓、软水晶、绿松石、孔雀石和各种长石。

(10) 广西所产玉石有玛瑙、蛇纹石，分别产于都安、陆川、博白与三江等县。

(11) 广东所产玉石有信宜玉、广绿玉与孔雀石。

(12) 湖南所产玉石有玛瑙、墨晶玉、萤玉。

(13) 湖北所产玉石有绿松石、硅化孔雀石、百鹤玉石和玛瑙等。

(14) 河南所产玉石有独山玉、密玉、梅花玉、黑绿玉和西峡玉。

此外，福建、山东、内蒙古等地亦是较有名的玉石产地，大家可以留心。

二 古人论玉

在古时候，玉礼器是王权和等级的象征，用玉殓葬，是祈求永生的手段。更重要的是，作为中国传统思想核心的儒家学派认为君子应"比德于玉"，是品德完善、行为高洁的象征，并形成了玉石的"五德说"、"九德说"和"十一德说"。

1.东汉许慎的"五德说"

所谓五德，即玉有五种美好的德性，即仁、义、智、勇、洁。"玉，石之美者，有五德，润泽以温，仁之方也；䚡理自外，可以知中，义之方也；其声舒扬，专以远闻，智之方也；不挠而折，勇之方也；锐廉而不忮，洁之方也"。

2.管子的"九德说"

"夫玉之所贵者，九德出焉。夫玉温润以泽，仁也；邻以理者，知也；坚而不蹙，义也；廉而不刿，行也；鲜而不垢，洁也；折而不挠，勇也；瑕适皆见，精也；茂华光泽，并通而不相陵，容也；叩之，其音清抟彻远，纯而不淆，辞也"。

换成白话文的意思就是：玉所以贵重，是因为它表现为九种品德。温润而有光泽，是它的仁；清澈而有纹理，是它的智；坚硬而不屈缩，是它的义；清正而不伤人，是它的品节；清明而不垢污，是它的纯洁；可折而不可屈，是它的勇；优点与缺点都可以表现在外面，是它的诚实；华美与光泽相互渗透而不相互侵犯，是它的宽容；敲击起来，声音清扬远闻，纯而不乱，是它有条理。

3.孔子的"十一德说"

孔子在回答弟子提出的"玉是不是因为稀少才珍贵"的问题时，明确指出了玉之所以被人珍视，是因为其具有君子所应当具备的十一种美好德性，按他所说的就是："夫昔者君子比德于玉焉。温润而泽，仁也；缜密以栗，知也；廉而不刿，义也；垂之如队，礼也；叩之其声清越以长，其终诎然，乐也；瑕不掩瑜、瑜不掩瑕，忠也；孚尹旁达，信也；气如白虹，天也；精神见于山川，地也；圭璋特达，德也；天下莫不贵者，道也。"

三　和田玉常用的术语

1. 俏色

又称巧作，指巧妙利用皮色雕成花纹，从而增加作品的艺术表现力。

2. 蛀孔

指的是在玉质表面好像虫蛀一样的孔洞。

3. 玉皮

所谓"玉皮"，指的是玉石表面的皮。

4. 铁沁

铁质氧化后顺着玉石疏松处沁入内部后的一种现象。

5. 脱胎

指出土玉器经盘玩，犹如羽化成仙，脱出凡胎。

6. 白化

所谓的"白化"，指的是玉器入土受埋藏环境影响而导致的结构变松、透明度丧失，从而变白的现象。

四　古代玉器常见的 14 种纹饰

玉器上的纹饰丰富多样，具有明显的时代特征。因此了解这些纹饰及其使用，对鉴别玉器及提高收藏水平是非常必要的。

1. 折线纹

阴刻直线，顶端折回，主要作为动物身上的装饰。

2. 重环纹

以两条阴线琢出环纹，饰于龙及其他动物之身。

3. 对角方格纹

以双阴线琢刻方格，相邻两格对角线相连，等距连续排列，主要饰于龙及其他动物之身。

4. 双连弦纹

以单阴线琢刻的人字形连弧短线，饰于龙身及首角上。

5. 三角纹

以阴线琢刻出三角，多见于龙身、玉璜及器物柄部。

6. 兽角纹

主要是龙角、牛角和羊角三种。

7. 臣字眼

似古文"臣"字，故名。饰于鸟兽之眼，动物装饰中常见。

8. 蘑菇形角

先秦玉器的龙纹，龙角顶端有一圆球状装饰，似未开的蘑菇，故名。

9. 兽面纹

玉器上的兽面纹有龙、牛、羊等，也有未知的动物、纹饰多采用阴刻线或挤压法琢出的直线及折线构成。

10. 螭纹

螭是传说中的一种没有角的龙，卷尾，螭屈，螭纹流行于春秋战国的玉器上，至宋代头部结构变化，嘴部较方、细长，眼较大，细身，肥臀，明清仍见有。

11. 龙纹

龙纹是历代玉器的主要纹饰之一，最早见于红山文化。一般为蛇身，或素身，或饰有鳞纹，有的有足，有的无足。据设计者说，北京2008年奥运会奖牌的挂钩由中国传统的龙纹玉璧的造型中获得了创作灵感。

12. 鸟纹

一般羽毛多为阴刻细长线，鸟尾有孔雀尾或卷草式，眼部表现有"臣"字形、三角眼及单凤眼等。

13. 云纹

玉器上的云纹形式很多，有单岐云，由云头、云尾两部分组成；有双岐云，云头部分分权；有三岐云，云头部分分为三朵小卷云；还有灵芝云等。

14. 谷纹

为圆形凸起的小谷粒，有的呈螺旋状，是历代玉器的主要辅纹之一。

贰　翡翠挂件与手把件

翡翠挂件

翡翠属于优质玉石品种，即通常说的翠玉。它非常稀有、珍贵，被称为"玉石之王"。历史上许多皇室贵族、名公巨卿对它钟爱有加，因此又有"皇家玉"的美称。现实生活中，人们喜欢把它作为美化自身的装饰，馈赠亲友的珍品，甚而作为世代相传的收藏品。翡翠的大规模开发利用仅仅几百年，但现在已经成为世界玉石中的一个举足轻重的品种，喜爱翡翠的人群也从华人扩展到其他的非华裔民族。

由于其价格及品质富于变化，具有极大的差异性，使得不同阶层的人士趋之若鹜，一些精品、极品更是不断地在世界宝石拍卖中缔创令人惊羡的天价。许多人将其视为难得的吉祥、高贵之物，或收藏于室内，或把玩于掌中，或佩戴于自身，无一不体现身份与文化层

翡翠手把件(老坑)

次，展示私家财力进而美化个人及生存空间。

　　翡翠的产地在缅甸北部一带，距我国边境很近，所以开采、运输及加工制作多由华人所为。这不仅为世人制造了成千上万美妙绝伦的翡翠艺术品，同时也培育了中华民族对翡翠独有的情感，可以说翡翠是中国人最为喜爱的玉石品种。

第一节　分类与鉴别

　　为了避免在购买翡翠挂件与手把件的过程中上当受骗，我们应该尽量多了解一些翡翠方面的基础知识。可以这样说，只有懂得了翡翠的分类和鉴别方法，才能拥有自己心仪的妙品。

一、商家的分类

　　市面上出售的翡翠饰品中，有的是天然翡翠，有的是经过了优化处理的翡翠。商家根据这些区别将翡翠饰品分为翡翠 A 货、翡翠 B 货

翠龙纹炉(清)

翠雕凤挂件(清)

和翡翠 C 货。

　　A 货指天然产生、未经人为利用物理或化学方法破坏其内部结构或未有物质注入或带出的翡翠。

　　B 货是指原本种、水、颜色较差的翡翠经过强酸、强碱浸泡，使其种、水、颜色得以改善，与此同时，翡翠的原始岩石结构也遭到了破坏，并伴有物质注入或带出，这样的翡翠称之为翡翠 B 货。为掩盖被破坏的结构、增大翡翠的强度，翡翠 B 货经常用有机胶或无机胶作充填处理，但充胶处理既不是翡翠 B 货的必然步骤，也不影响翡翠 B 货的定义。

　　C 货指无色或浅色翡翠经过人工染色的饰品。染色手段有多种，既有破坏结构的染色，也有不破坏结构的染色，但色素都只存在翡翠的裂隙之间或晶间。从市场上看，C 货翡翠经常染成绿色、红色、黄色或紫色。

二、行家的分类

　　首先要弄清楚"种"的概念。翡翠的种是指：翡翠的颜色、质地、透明度和结构、裂隙和大小等诸多因素的综合评价和称谓。这是个在南方流行的说法，到了江南一带，行家们用"地"来表达类似的含义，比如"藕

翠扳指(清)

粉地"。

"种"的分类比较灵活和感性，有的时候只以翡翠的结构和质地来命名，这时候"种"就接近"质地"的含义；有时候又以颜色和质地结合来命名（比如油青种），种的含义就变得不一样。按"种"划分，翡翠大体可分为如下几类：

1. 玻璃种和老坑玻璃种

顾名思义，这个品种大多像玻璃一样透，净度高，结构细腻。"老坑玻璃种"可以说是最高档的翡翠，在这里"坑"是指翡翠在缅甸的不同

凤凰手把件（老坑）

开采地，"老坑"和"新坑"的说法是指不同的品质和价值。

2. 冰种

这是一种比玻璃种稍次的品种，它给人的感觉是冰块或冰糖一样。现在市场上的不少黑心老板动不动就说是什么"冰种"，新手们一定不要轻信。

市场上常见的"冰种"，有以白色为主打，净度高的无色饰品；以冰地为主，加上一点蓝花、

笑佛挂件（冰种）

绿花、紫罗兰等，可称之为"冰种飘花"，还有"冰种蓝水"、"冰种晴水"等。

3. 油青种

这是翡翠中的大路货，主要以颜色而论，质地要求不高。颜色主要为灰色加蓝色，或带有黄色调的绿色，更有浅青、深青之分。

翡翠手串（油青种）

常见的有油青色、蛋青色、蓝青色等，颜色沉闷不明快，但透明度较高。许多 B 货翡翠看起来很像油青种，常常会让很多新手上当，因此一定要小心。

白底青挂件

4. 白底青

白底青是比较常见的品种。这种翡翠的特征是质地较干。底透白，可是飘的绿很艳，甚至绿到翠绿或黄扬绿，它的绿绝对是此品种的一大亮点。

5. 紫罗兰

这是一种深受当代年轻女士喜欢的翡翠，行内人又称它为紫翠。它的底色为紫色，其中有茄紫、蓝紫、粉紫等，透光性从透明到半透明都有。

翡翠挂件（紫罗兰）

6. 金丝种

最大的特色就是颜色的排布呈丝带状分布，并且往往是平行排列，丝状色带的颜色较深，一般呈亚透明到半透明。

7. 豆种

这种翡翠有个很明显的特征，就是可以看到一些很粗的颗粒。具体而言，豆种是指颗粒结构，类似豆状的翡翠，底子很粗，透明度差。市场上这种货色很多，价格不太高。

翡翠印章(豆种)

第二节　价值和收藏

一、价值

翡翠挂件与手把件的价值主要取决于如下几个方面：

1. 颜色

这是翡翠质量评价体系中的一个重要因素。颜色的要求是纯正、浓艳、均匀、协调。

高档翡翠应具有纯正的绿色，略带黄色、绿色及灰色等色调均被认为是杂色调，杂色越浓，翡翠颜色质量越好。

高档翡翠要求颜色浓艳，即要求颜色饱和，亮度适中搭配。若颜色过浅，则明亮但不艳丽；过浓，翡翠透明度降低，则有黏重感。

翠雕福寿挂件(清)

天然翡翠的颜色多呈丝状、片状分布，很难达到均匀。如果挂件与手把件的颜色达到通绿，即被视为高档品。

翡翠挂件

2. 质地

又称粗细，是指翡翠晶体结构粗糙和细腻的程度。极细的晶体结构是高档翡翠挂件与手把件的必备条件，具有这种结构的翡翠油润、细腻、无颗粒感；反之，则颗粒粗大，结构松散。

3. 透明度

俗称"水头"，可以分为透明、较透明、半透明、微透明、不透明等不同程度。翡翠挂件与手把件的透明度越高，价值越高。如果翡翠挂件与手把件既有艳丽的颜色，又有一定透明度，即为上乘。

翡翠挂件

翡翠挂件

4. 雕工

即雕刻工艺水平的高低。一般而言，翡翠挂件与手把件的价格不受年代的影响，这一点与软玉有所不同。但是，清代雕刻的翡翠，要比新翡翠更具有价值。之所以如此，是因为清代的雕工极佳的缘故。

5. 重量

即翡翠的大小。翡翠挂件与手把件的价值一般不受重量的限制，但在其他因素相近时，尺寸大、重量重的价值高。

6.坑

翡翠的原料依照出产方式分为"老坑"和"新坑"，其中人们将长期受自然界雪水浸泡的翡翠原石称为"老坑翡翠"，这样的翡翠外观一般是偏绿色，据称有水亮般的光泽，非常珍贵。

二、收藏

翡翠牌

一件翡翠值得收藏，要达到以下三点：一、为天然 A 货翡翠；二、为 A 货翡翠中色种好的上品；三、加工工艺精湛。

第一，要保证其为未经过任何人工处理的天然 A 货翡翠，只有 A 货翡翠才具有稀有性和恒久性的升值条件。B 货翡翠颜色都很漂亮，质地都很通透，往往看起来又好又便宜。但是 B 货翡翠很难经受时间考验，一般几年之后硅胶氧化，就会变得面目全非。而 C 货翡翠更是不在收藏考虑之列。

那是不是天然 A 货翡翠就都有收藏价值呢？也不尽然。那些色不美、种不佳的低档 A 货翡翠同样没有收藏价值。

第二，要保证翡翠材质本身的品质，或色美，或种佳，或巧色，至少有一点所长。如果色种俱佳，则为翠中珍品。

翡翠的颜色越绿越好。饱和度越高，绿色越浓，越珍贵。饱和度低，绿色浅淡，则价值不高。

种是看翠的关键，俗话说"外行看色，内行看种"。翡翠越透明，种越好；翡翠越不透明，种越差。因此，种越好收藏价值越高，玻璃种、冰种即使没有绿色，也值得收藏，而豆种的翡翠如果颜色不够浓艳，绿色的面积不多，则没有什么收藏价值。

九龙皮带扣（老坑）

第三，要保证工艺精湛。玉不琢不成器，所谓的"琢"，就是雕刻的工艺。美玉还需佳艺，一件做工粗糙的翡翠是不会有收藏价值的。在拍卖会上高价销售的翡翠无一不是工艺精美，颇具观赏价值的。南方

翡翠福字

有些自己加工翡翠原料的公司，将加工的边角余料加工后摆在商场销售。这些东西中虽然也有绿色，或有一定的水头，但工艺烦琐粗糙，造型不美，根本没有多少升值的空间。

简而言之，一件值得收藏的翡翠一定是天然真货，一定是用料较为难得、工艺考究、有特色的翡翠。只有这样的翡翠才有生命力，才会随着时间的推移而更显弥足珍贵。

第三节　保养宜忌

翡翠虽然没有生命，但它确需护养。大家知道，翡翠有种，种"老"的，结晶颗粒细小，晶隙细微，这样就能保持其原有的水头，永久不变。而种"嫩"的，结晶颗粒粗大，晶隙宽大，在晶隙中含有一定的

水分。一旦失水，就会变干，以致产生绺和裂，绺裂多了翡翠就会失去其美丽。翡翠为什么要"养"，原因就在于此。

那么，如何"养"好自己的翡翠挂件与手把件呢？一个最简单而又实用的方法就是，经常佩戴、把玩，这样人体就会随时补充翡翠的失水，使其润泽，水头得到改善，这就是人们常说的"人养玉"。

马上封侯翡翠挂件

除此之外，翡翠挂件与手把件的保养应当注意以下几个方面：

一是佩戴和收藏翡翠挂件与手把件时，千万应该小心，以免发生碰撞。碰撞后，有时翡翠表面好像没事儿，其实内部结构已受到损坏，并产生了暗纹。

马到成功翡翠牌

二是切忌高温暴晒。翡翠性阴，高温或者久晒下容易产生物理变化，时间一长会导致失水失泽，干裂失色。

三是要经常佩戴，经常用软布或软刷浸水刷去留在上面的污秽。

四是翡翠很忌讳油烟油腻，所以炒菜做饭时，尽量不要佩戴。

五是强酸溶液会破坏翡翠的结构和颜色，所以应避免接触。

第四节　把玩之道

如今，翡翠挂件与手把件的款式、造型、纹饰、创意及做工等都有很大改进，更加强调其吉祥性、玩赏性和艺术性。

俗语说得好，玉石"图必有意，意必吉祥"。下面，我们将简明扼要地介绍一些翡翠挂件与手把件常用图案所包含的文化底蕴：

（1）佛教文化寓意：主要为弥勒佛、观世音、千手观音、送子观音、南海观音、普陀观音，及其他各种菩萨图案。

翡翠貔貅吊坠

（2）道教文化寓意：主要图案为阴阳八卦、阴阳鱼、五神八卦。

（3）皇宫文化寓意：如九龙归宗、双龙戏珠、龙凤呈祥、松鹤延年、贵妃出浴、望子成龙、一统天下、和平有象、金玉满堂。

（4）文人文化寓意：喜上眉梢、岁寒三友等。

（5）生肖文化寓意：用十二生肖属相代表人生，寄托吉祥，其属相者佩戴相应生肖玉佩。

（6）生意人文化寓意：生意兴隆、年年有余、苦尽甘来、财运亨通、麒麟送财、金蟾献瑞等。

（7）古代民间文化寓意：金猴拜寿、童子鱼、五子登科、五狮献瑞、鲤鱼跳龙门、精打细算、喜获丰收、连生贵子、福星高照、龙凤呈祥、福寿双

翡翠如来挂件

全、五福临门。

（8）仕途文化寓意：步步高、连升三级、硕果累累、官上加官、花开富贵、鹏程万里、马上封侯。

刘海戏金蟾

（9）福禄寿禧文化寓意：

  ①福：弥勒佛、蝙蝠、梅花、寿星、福在眼前、鸡冠花、佛　手瓜；

  ②禄：鸡冠花、公鸡、凤凰；

  ③寿：龙头龟、人参、松树、仙鹤、高山、灵芝；

  ④其他。

（10）寄托愿望文化寓意：望子成龙、多子多福。

（11）儒家文化寓意：山水、人物、花鸟、动物、梅、兰、竹、菊、葡萄、蔬菜（象征士大夫气概）。

挂件 手把件把玩与鉴赏

第五节　精品鉴赏

翡翠如来挂件(正、背)

我国玉器行有句俗话："玉必有工；工必有意；意必吉祥"，在这件翡翠如来吊坠上可以说得到了完整的体现：油绿的翡翠经过雕、磨工艺变成了如来佛祖的形象，而佛可保佑平安，寓意有福(佛)相伴。

佛光普照

翡翠色泽浓艳，宛如夏日菠菜之色，谓之"菠菜绿"，是非常难得的种类。从工艺上讲，这款挂件采用了金镶玉的方式，再加上大肚弥勒佛造型，显富贵之意外，更蕴涵着"开口便笑，笑天下可笑之人，大肚能容，容天下难容之事"的开朗情怀。

翡翠挂件

招财进宝翡翠牌（正、背）

翡翠牌正面中心雕一童子，头微昂，梳两小髻，喜笑颜开，生动活泼，一手持一株灵芝，雕琢细致，神韵灵动，线条圆转。传说观音菩萨紫竹林中有一招财童子，入凡，象征太平富贵，如意童子，寓意生活美满如意，太平盛世吉祥。在背面，则雕一翔翔的飞鹰，寓"雄鹰展翅、宏图大展"之意。

老坑翡翠龙凤佩(正、背)

在我国的传统文化中，龙和凤都是祥瑞的
化身，这件老坑翡翠龙凤佩正是结合正面
的金龙与背面的飞凤，寓"成双成对"与"龙
凤呈祥"之意。

小贴士

翡翠质地12类

1. 玻璃地

其质地明亮、清澈、细腻。最重要的是具有类似宝石单一结晶体之"硬"的感觉，极少可见石纹。此种质地镶起后常可见内部之反射光芒，有时会有"猫眼"现象。这个质地是所有种质中的最高等级，可谓千万年不变。

2. 冰地

顾名思义，其结晶如冰块或冰糖感觉，干净度颇高。质地细致，但其感觉不如玻璃地来得冻、硬，这种质地镶起后水头相当好。

玻璃地

3. 化地

其质地正如"果冻"一般呈半透明状，但可见细微小石花、棉絮等。

4. 冬瓜地

其质地亦接近半透明状，感觉如煮熟后的冬瓜。

5. 糯米地

其质地要透不透，具有如熟糯米般的细腻感，一般所称之芙蓉地与此质地接近。

冰地

6. 翻生地

质地类似糯米地，但玉肉中部分结晶如不熟之生米般出现饭渣。

7. 豆地

颜色如豆般不太通透，透度只入表面二分，有非常

糯米地

油地

多可见之棉柳、苍蝇翅、稀饭渣等，此种质地在强光下照射一段时日后易起小白花，"娇度"降低。

8. 白地

一般玉石结晶多呈白色与无色，白色又为最常见之色彩，前述之新玉多只到此级，此质地已无通透之意境可言，此质地与常称之"瓷地"接近。

9. 芋头地

其颜色白中略带灰，色如芋头般，底属木。

10. 灰地

其颜色不透明，质地多纤维，色暗如香灰般，具沙性。

11. 乌地

其质地呈黑褐色，不透明，底比较木。

12. 油地

其种质冰、硬，感觉有油脂光泽浮于表面。一般多出现于颜色较墨绿的玉石中。

豆地

叁　寿山石挂件与手把件

寿山石手把件

"石有类玉者，珀者、玻璃、玠瑁、朱砂、玛瑙、犀若象焉者；其为色不同，五色之中，深浅殊姿，别有缃者、缥者、绮者、缥者、葱者、艾者、黝者、黛者；如蜜，如酱，如鞠尘焉者；如鹰褐、如蝶粉、如鱼鳞、如鹧鸪焉者。旧传艾绿为上，今种种皆珍矣。其峰峦波浪，縠纹腻理，隆隆隐隐，千态万状，可仿佛者；或雪中叠嶂，或雨后遥岗，或月淡无声，湘江一色，或风强助势，扬子层涛，或葡萄初熟，颗颗霜前，或蕉叶方肥，幡幡日下，或吴罗扬彩，或蜀锦细文；又或如米芾之淡描，云烟一抹，又或如徐熙之墨笔，丹粉兼时。"

————卞二济·《寿山石记》

寿山石把玩品的历史已很悠久。明代之前，寿山石雕已出现了一些圆雕小作品，然而造型不够圆润，技艺不够浑朴，只能说是把玩品的雏形。

寿山石手把件

明代中后期，社会生产力得到很大的发展，高官显贵的生活越来越讲究。这种需求，促使所有的工艺品都趋向精雕细琢。元末明初兴起的寿山石章，由于色泽丰富艳丽、钮饰精美，成为收藏家爱不释手的案头之物，文人墨客更是竞相寻求。这进一步促进了把玩品的发展和成熟，使之成为一种专门的艺术。

康乾盛世之时，崇尚华丽精致，寿山石艺术得到迅速发展。在玩风日盛的年代，寿山石的把件以其独特的魅力成为玩赏家喜爱的艺术品之一，尤其得到文人的青睐，所谓"贵石而贱玉"，因为"石不能言最可人"，其魅力尤甚于玉石。

把玩品是寿山石雕传统艺术的精华，适合于个人或几位朋友在雅室内赏玩。现在，不少人将寿山石的小品作为佩件、链坠，既为一种装饰品，又可以时时抚摸。有的则藏在小皮袋或小布袋中，随身携带赏玩。

寿山石的矿物质，对人体的皮肤很有好处。夏天，小孩子长痱子，用寿山石粉涂擦几次就好了。不少爱石的人说，炎热夏天，手握冰凉的寿山石，使人感到十分惬意；而寒冷的冬天，反复抚摸寿山石，又使人感到滋润温暖。

品玩寿山石，可使人置身于宁静安详、古

卧兽章

雅浑朴之中,浮躁之气和世间的忧虑烦恼骤
然化解。一个人能常常将忧愁和烦恼忘却,
自然会长寿。品赏寿山石,最好常与石友聚
会,品评交流,讲说辨识,实在是人间一大
乐事。

观音

据资深的寿山石玩家说,品玩寿山石
有三大妙处。其一,"石能养性"。每天紧张
工作,空闲时玩赏寿山石,修身养性,陶冶
情操,洗涤胸怀,既是休息又是享受。其二,欣赏寿山石必然会仔细

托钵罗汉

研究刻工、石质和纹理,要学会区别各种石头和
每个艺人技艺的特征,长此以往,就会提高自身
的观察力和鉴别力。其三,即使是一件精美的作
品,也会有不尽如人意之处。金无足赤,人无完
人,何况石头呢?以这种仁慈的包容之心对待别
人,世间的事情就好办多了,事业也容易成功。

小小的一块石头,竟有如此妙处,不得不让
人感慨万千!

第一节　种类及特点

从古至今,寿山石被分出了许许多多的品种,但基本可根据其产
地和产状归入三类,即"田坑石"、"水坑石"和"山坑石"。其中,以

田坑石质量最优。

一、田坑石

田坑石是指在水田里零星产出的寿山
石，多以小块且形似卵石状产出。有白色、
黄色、红色、黑色等颜色。根据颜色通常可
将田坑石分为田黄（也称黄田）、白田、红
田、黑田、银裹金（有白色色皮的田黄）、金
裹银（有黄色色皮的白田）等品种，其中以
田黄最为珍贵，素有"石帝"之称。

半透明或更透明的田黄，被称为田黄

达摩老祖

冻，是田黄之极品，寿山石之冠。田黄石质
细润，多可见似萝卜内的丝网纹之纹理，俗称"萝卜纹"。颜色以金黄、
橘黄、枇杷黄为最佳。田黄产量稀少，优质者价格比黄金高数倍，常
以百万元计。

仕女

以田黄雕制的印章或工艺品，
有不少传世佳作，其价值连城。如
著名的历经五代帝王传至末代皇帝
溥仪之手的乾隆御用三连章、咸丰
皇帝遗给慈禧曾经大显威严的"同
道堂"印等，均为田黄所制。除田
黄外，红田、金裹银、银裹金等也

是珍贵稀有品种，价值极高。后两者常用其天然颜色的色皮雕刻俏色浅浮雕印身，极具韵味。

田黄印章

二、水坑石

水坑石指的是寿山乡南面坑头矿脉中产出的寿山石，位于寿山溪坑头支流之源，故又名"坑头石"。透明度较高，多呈半透明，也有近透明的品类，光泽较强。寿山石中的许多"冻"、"晶"品种多属于此类。所谓"冻"，指质地细腻的半透明品种。所谓"晶"，则指质地莹澈的近透明至透明品种。

水坑石中的优质品种有水晶冻、鱼脑冻、黄冻、桃花冻（白底红点）、玛瑙冻、天蓝冻、环冻（有泡状小圆圈分布）、牛角冻（墨灰至黑色）、鳝鱼冻（黄灰色）、掘性坑头（产于坑头洞沙土中需挖掘而出，半透明，常有萝卜纹和红筋）等等，多以颜色、透明度及花纹特征命名，望名知义。

优质的冻石也是寿山石中珍贵的佳品，同样不可多得。

三、山坑石

顾名思义，山坑石是指寿山乡里周围山上矿坑中开采的寿山石。主要分布于寿山、月洋两乡方圆十几公里内。

山坑石的品种，主要以具体产地或特定矿坑命名，也有以质地、透明度和颜色等因素命名者，品种多达70余种。其中较著名的品种有以产地或矿坑命名的都成坑石、高山石、善伯洞石、旗降石、墩洋绿等品种，也有以颜色或花纹特征等命名的豆叶青、芙蓉石等品种。

貔貅（芙蓉石）

山坑石是目前寿山石的主要来源，质量虽不及田坑石及水坑石，但也有不少优质石料。以芙蓉石最优，光绪年间曾与田黄、昌化鸡血石并誉为"印石三宝"，有白、黄、红、淡青等色，石质温润凝腻。

第二节　选购与鉴别

寿山石品种繁多，色彩斑斓，不同的石种从外形、色泽乃至肌理，均有其独特之处。虽然上好佳品和粗劣下品之间有天壤之别，人们凭肉眼即能断其优劣，但目前市面上常见的寿山石就有30多种，其中不乏色泽相近、品质相似、肌理相似者。再加上造假技术渗透其中，这就使寿山石的鉴别更加复杂。在这种情况下，如果您想购买或者收藏寿山石，那么掌握一定的鉴别知识就显得尤为重要了。据玩家介绍，把握以下四个方面是最基本的：

一、外形

这里所说的外形包括形状、棱角、皮相等。如：田坑石无根而璞，无脉可寻，呈

玩童

自然块状，无明显棱角，有明显色皮；山坑石分布于寿山、月洋两个山村，石质因脉系及产地不同，各具特色，所以山坑石的名目特别丰富；而水坑石由于矿体地下水丰富，矿石受其侵蚀，多呈透明状，寿山石中各种"晶"、"冻"多出于此。

二、颜色

所谓颜色，主要是看石头色相色彩的分布情况，色彩结聚状态的表里情况。寿山石色彩多样，各种颜色均有，每个石种颜色都有规律可循。

三、质感

眼睛看的感觉（观察石质表面和内部的纹理），上手摸的感觉（体会表面的质感），上手掂的感觉（体会重坠感，如水坑、老坑的石品手感发重），刀刻的感觉（吃刀难易，流畅与否等，如寿山石吃刀比较流畅）。

四、肌理

包括纹理、裂格（裂是有明显或不明显的缝隙，格是石本身固有的分隔线或纹线）。寿山石大部分都存在着格，有些石种有漂亮的纹理，如荔枝洞石的萝卜丝纹，大山石的波涛形纹理，山秀园的斑斓色块等等。

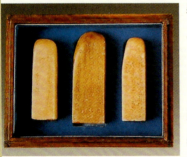

寿山石手把件

除了以上几点，还要特别注意其他相关地域之石与寿山石的区别，这也是让收藏者最头疼的问题。例如寿山高山冻石与青海冻石较为相似，应注意加以区别：寿山高山冻石目测质地坚亮，常有小的黑点（称黑针）存在半透明的肌理当中，刀感滑爽，手感光滑，手掂感坠手（因其密度大的缘故）；青海冻石目测质地松暗，常有白色棉絮状纹理和烟色絮状

貔貅(高山玛瑙冻)

纹存在半透明的肌理当中，刀感涩滞，手感略粗糙（相对），手掂感发轻（因其密度小的缘故）。寿山月尾绿石与丹东绿冻石的区别：再比如，寿山月尾绿石质地细腻，常有裂纹；丹东绿冻石质地紧密，一般不裂，常雕成苦瓜，色泽鲜艳，手感滑爽。

寿山田黄石和巴林福黄石、河南黄冻石的区别在于：寿山田黄石有石皮，有细细的萝卜纹，温润，肌理洁净，玲珑清澈，微透明，六德具在（温、润、腻、凝、细、洁）；巴林福黄石无石皮，没有萝卜纹，温润不足，肌理洁净，微透明，灵度（坚亮感觉）高，也是收藏的热点，好的福黄石市场也不多见。河南黄冻石是近些年出现在市场上的，常被石商当成田黄或寿山鹿目石出售，没有石皮，没有萝卜纹，大部分不温润，透明度高于田黄石，肌理常常有裂纹存在。

蜗牛(高山冻)

寿山高山朱砂冻与巴林朱砂冻也是很容易混淆的，前者质地半透明或不透明，目测色彩浑厚，手感滑爽；后者多透明、半透明，目测色彩飘逸，常有色

53

带，手感滑腻等等。

第三节 把玩与保养

寿山石质地细腻，脂润柔软，经过雕琢加工之后，外表光滑明亮，色彩斑斓，纹理自然，既属名贵彩石，又是珍贵艺术品，既可观赏，亦宜收藏。

寿山石最忌干燥高温，应避免阳光暴晒和高温环境，新采矿石不可长期置放山野或室外，要及时存放于地窖或阴湿之处，时常淋冷水以保润泽。

寿山石印章

开料时谨防热燥迸裂，以水锯、湿磨为上，制成原坯后，应按品种、档次和块度放置于木盘中，在阴湿处保存。若是高档石料，最好浸入盛满植物油的瓷盘里，如块度较大，亦可将石坯蘸油后用透明纸裹好，放置阴温处。

辟邪（桃花芙蓉石）

经过雕刻加工成品的寿山石雕适宜室内陈列，如石表灰尘，污物污染，只要用细软绸布轻轻擦抹，即可恢复光彩，切忌用金属或其他硬物修刮，以免破坏明亮光滑的表层，寿山石印章与小挂件，最好经常摩挲抚玩，油渍在人的体温作用下附着并沁入石

寿山石手把件

中，久而久之，石质则更有灵性，古意盎然。对暂时收藏起的作品，最好放置锦盒中，薄抹白茶油，石表吸透油质，不让干燥，以养其性，反复如此，石质更加温润莹澈。

从总体上说，寿山石宜用油保养，但不是每个石种都适宜，比如芙蓉石洁白细嫩，久沾油渍则变灰暗，失去光彩，所以应忌与油触染。把玩时必先净手或戴白手套，人们常说芙蓉石天生丽质，何须"涂脂抹粉，乔装打扮"，净手抚玩，即有梁园雪与贵妃肤之美感，所以要根据不同的石质而区别保养的方法。

田坑石石性稳定，温润可爱，无须过多抹油，只要时常摩挲把玩。

水坑石冰心洁质，精细磨光后，把玩在手晶莹通灵，也不必油养。

山坑石中的高山石，质细而通灵，石色丰富，鲜艳多彩，但质地较松，表面容易变得枯燥，甚至出现裂纹，色泽也变得黝暗无光，如果经常为其上油保养，则流光溢彩，容光焕发。

高山石抹油后宜陈列于玻璃柜中，以兔灰尘沾染，如柜中有聚光灯，应在其中放置一小杯水，以保持湿度，防止高温干裂石头。

白色的太极石上油久了会变成肉色质地，显得更

田黄御赐"鳞图鹤算"章(清)

龟虽寿(焓红寿山石)

加成熟，行家谓之"没火气"。

都成坑石与旗降石因坚实稳定，不必油养，多以上蜡保护。

寿山石中普通的石料，如柳坪石、老岭石、焓红石、峨眉石等，石质不透明，产品磨光后进行加热打蜡处理，不用上油，如沾灰尘，不宜水洗，用软布擦抹，越擦越亮。

进行油养之前，应先用细软的绒布或软刷，轻轻消除石雕表面的灰尘，千万不可用硬物刮除，否则易伤及石材表面，接着再用干净毛笔或脱脂棉蘸白茶油，均匀涂在石雕的各部位，即可使雕件益增光润。

值得注意的是，油养时采用白茶油是最理想的，花生油、色拉油和芝麻油皆会使石色泛黄，所以不宜采用。此外，动物性油脂与化学合成油脂也不适用于寿山石的油养，不但不能产生养石的功效，长期使用还可能严重破坏石质，所以请务必谨慎。

丁敬"新荷弄晚凉"寿山石章(清)

第四节　精品鉴赏

独角兽

材质为芙蓉石，温润、凝脂，俗称"一点红"，天然俏色，雕工细腻，是一件非常优秀的艺术品。

青蛙

手把件的材质为花坑寿山石，质地坚脆，打磨后质感犹如瓷器，而它最大的特征是有绿色、黄色、蓝色和棕色的"玻璃地"结晶性条纹，十分晶莹美丽。整件作品古朴典雅，非常难得。

笑佛（高山冻石）
寿山石的一种，凡高山出的冻石，都称高
山冻石。这件作品质如凝脂，造型通灵，
微透明，肌理隐含棉花细纹，兼之雕工一
流，不破不裂，是一件难得的佳品。

年年有余(寿山石巧雕)

福寿双全(芙蓉石)

小贴士

寿山石术语一览

1. 砂／肉／砂块／砂丁／砂线

砂是指寿山石的围岩，石质属花岗岩之类，是十分粗糙坚硬的部分，无法用刻刀雕琢，磨光后作品有砂的部分也会形成凸块。

相对砂而言的另一部分为肉，就是拿来雕刻的那部分寿山石。

面积较小的岩石称为砂块，更细微的称为砂丁，而长条状的则为砂线，嵌于寿山石中，属石病之一。

砂的形态随寿山石石种不同而不同，所以可以作为鉴别石种的依据之一，无砂的另当别论。

2. 裂／格／色格

裂纹在寿山石中是常见的石病，工业化的采矿方式和保养不力都可能造成裂纹，一些吃油的石头裂隙的两侧因油渗入而更透明些。

格就是裂，只是裂了之后又在矿脉中经过长时间的地质演变，缝隙中被其他物质填充，形成了有色的线条，称为色格，有的格是无缝的，但多数的格还存有裂纹。一般色格有黄色、红色、褐色、黑色等颜色。

格裂皆是石病。

3. 蚕白点

石头肌理中有淡黄或白色细点，称蚕白点，俗称蚕母卵，可以作为鉴别石种的依据之一。

4. 冻石／晶石

质地凝结、半透明、质纯无杂、细腻的称为"冻石"；比冻石透明度更高的，肌理十分莹澈者称为"晶石"。

5. 朱砂／朱砂冻／桃花／桃花冻

朱砂的砂并不是指岩石砂粒，是颗粒的意思，朱砂就是朱色（红色）的颗粒。朱砂和桃花的成分其实就是矿物丹砂（氧化汞）的颗粒，和鸡血是一样的。红色颗粒比较集中连成一片的称朱砂，桃花是相对朱砂来说颗粒较疏的，是独立的一点点红色，看上去像是盛开的桃花，因此得名。

透明度较高的朱砂称朱砂冻石,桃花由于大多都存在于透明度高的冻石内,所以大多桃花都是桃花冻,因其艳丽美观,质地上乘红点均匀者价值较高。

6. 金沙／黑金沙

金沙一般来说并不算在砂的种类中,是寿山石中比较珍贵的一种特殊现象。有金沙的石头价值不但不会降低,还会因为金沙的存在而有所升高。金沙就是寿山石中的白色或金色反光晶体,其颗粒比较微小,在强光下有明显反光。

在寿山石高山系、善伯系、芙蓉系等石头中常见一种黑色小点,会有金属光泽的反光,称为黑金沙,它的颗粒很微小的时候,呈现黑色,并不太影响刀感,俗称"黑针",如果其颗粒较大的时候,会呈现明显方形,并有铜状金属光泽,这是方铁矿的晶体,较大颗粒的晶体很坚硬,导致刻刀口磕裂可能性较大。

7. 色根

色根非砂非杂质非格,是寿山石中颜色或质地与周边不同的根形或线形的明显条状色线,红色称红根,绿色称绿根等等。

8. 水晶线／水线／水痕／冰线

水晶线是透明的结晶性石质形成线状条纹,质地较周边透明,也称水线、水痕。

在花坑石和大山石中透明的部分称为冰线。

9. 掘性／独石／石皮

掘性,从字面解释就是从土里挖出来的。寿山石的开采有上千年的历史,在历代的采矿中采出后被遗弃的大小碎石,埋入土中经长年蚀变又被重新发现的石块,称为掘性石。掘性石大多保有开采后的块形形状和很薄的石皮或没有石皮。产地多在矿洞附近或稍下一点的山坡上。

独石指因自然原因脱离矿脉,经过较久的地质年代,外形蚀成卵形,并被其他物质侵蚀形成有石皮的圆混石块,一般质地较老,产地多在山脚、溪底、或溪流的冲刷平原,离原矿脉距离较远,例如其中质地最佳的田黄。

10. 新性／老性

寿山石在被开采后,因自然环境发生了变化,某些石种石质状态(包括石色、灵度、裂纹)会发生一定的变化,这种不够火候和易变的石质称为新性,石质大致稳定后的石头称为老性。

肆　琥珀挂件与手把件

　　在欧洲，人们称琥珀为"西方之金""小太阳"，同金银、珠宝、钻石一样，是皇室贵族阶层资格和特权的象征。

　　琥珀的美更在于它的内涵是深邃含蓄的、智慧的。欧洲人认为："戴琥珀的女人有个人品位，展现出她对充满神秘色彩世界有深刻的认识，显得更高雅智慧。"

　　除了美观外，人们相信佩戴琥珀有辟邪保身、

琥珀圆雕弥勒像(明)

消治百病的功能。人若能像琥珀那样高洁透明，善待人生，温良处世，必会高朋满座，左右逢源；经商创业更可聚财。这正是欧洲人之所以喜爱琥珀，并经久不衰的原因所在。

没有两块天然琥珀是完全相同的

琥珀不仅是一块美丽而高贵的宝石，更是一条通往古代奥秘世界的时光隧道。触摸它，给人们一种安详恬静的心灵感受，仿佛这千万年前大自然的杰作，就是为了这美妙的一刻能与人们做生命的接触。琥珀的另一大特点是：由于它不俗的天然属性，所以每一款都是世上绝无仅有的，没有两块琥珀是完全相同。这对于那些追求独树一帜的个性美、气质高雅的女士是再合适不过了。

琥珀原矿

琥珀之美还在于具有非常强的适应性，既可以细微纤弱，稳重典雅，亦可张扬前卫。琥珀是唯一有生命的"活化石"，是唯一可以"肝胆相照"直接赏玩其中奥秘的宝石。在时间的雕琢下，它的质地会变得更加晶莹圆润。

63

原矿蜜蜡挂件(清)

第一节 分类与特征

琥珀的分类方法很多，除了在《手串把玩与鉴赏》一书中介绍的按照颜色分类之外，按照透明度进行划分也是比较常见的方法。

按照这种方法，琥珀可以分为透明琥珀、不透明琥珀以及介于两者之间的花琥珀。不透明的琥珀，也就是人们通常所称的"蜜蜡"。

此外，我们还经常碰到老蜜、血珀、骨珀等名称，现在为大家简要地说明一下。

所谓"老蜜"，指的是出土年代久远的不透明琥珀，颜色为红橙色。

所谓"血珀"，指的是出土年代久远的透明琥珀，颜

琥珀卧兽(清)

色如同高级红葡萄酒的颜色。

骨珀(白色琥珀)

所谓"骨珀"，其实就是白色的琥珀。

琥珀的硬度比较低，质地轻、涩，触手温润，一般具有宝石般的光泽与晶莹度。琥珀另一个显著的特征是经常会有丰富的内含物，如昆虫、植物、矿物等。

第二节　常见假冒琥珀的鉴别

一、再生琥珀

将天然琥珀碎粒（粉）加热熔解，通常会添加一些亚麻仁油进行调色，然后在高压下将其压成一大块琥珀。不过，在这个过程中通常会渗入气泡。天然琥珀虽然也内含气泡，但一般是圆形的，而再生琥珀中的气泡通常会被压扁，而变成长条形。在放大镜下观察可以看到浑浊的粒状结构。再生琥珀内部呈糖浆状的搅动构造，有时含未熔物，通过放大观察可见再造琥珀具粒状结构，在抛光面上可见相邻碎屑因硬

笑佛（金珀）

度不同而表现出凹凸不平的界限。最新的真空热压琥珀非常逼真，肉眼难辨真假。

二、仿冒琥珀

这种仿冒品通常是电木、赛璐珞等物质，它们的比重太重，在饱和食盐水中会下沉，而真琥珀会上浮。此外，还有一种名为聚苯乙烯的塑料，它的比重与折射率和真琥珀相当接近，以上方法无法辨出真伪，但它摩擦和用烧红的针刺时没有松香味，这些人工合成物合成时都会有臭味。将小碎片缓缓加热时，电木放出强烈的电碳酸气味，赛璐珞发出樟脑气味。

三、柯巴脂

这是一种天然树脂，尽管和琥珀的成分一样，但由于年代不够久远且未经几千万年的高温高压将树脂转化，因此并不能称为琥珀。现代工艺常将它的表皮硬化使其看起

血珀手串

来像真的琥珀，但只要滴上一滴乙醚，它就会被溶解而产生斑渍，而真琥珀则无此现象。

第三节　保养宜忌

琥珀具有一定的硬度、耐磨和耐腐蚀性，因此在一般情况下，正常的佩戴与把玩不会造成什么损伤。不过，由于琥珀价值不菲，如果一旦发现损伤，应当交给这方面的专业人士进行处理。从保养方面来看，主要应当注意以下几个方面：

（1）远离高温。琥珀属于有机物质，非常忌讳高温，因此不要长时间将自己的琥珀挂件或手把件置于烈日下或暖炉边，这样会因为过于干燥而

琥珀挂件

导致琥珀产生裂纹。同时，还要尽量避免将琥珀置于强烈波动的温差的环境中。

（2）远离酸碱性强的物质。

（3）尽量不要与酒精、汽油、煤油和含有酒精的指甲油、香水、发胶、杀虫剂等有机溶液接触。喷香水或发胶时，请将琥珀挂件取下来。

灵丹（蛋寓丹之意）

（4）避免磕碰。琥珀硬度低，怕摔砸和磕碰，与硬物的摩擦会使表面出现毛糙，产生细痕，影响琥珀的外观。

（5）不要用牙刷等硬物清洗琥珀。

（6）琥珀挂件或手把件最好单独存放，不要与钻石或其他尖锐坚硬的首饰放在一起。

（7）当琥珀染上灰尘和汗水后，可将它放入加有中性清洁剂的温水中浸泡，用手搓冲净，再用柔软的布（如眼镜布）擦拭干净，最后滴上少量的橄榄油或是茶油轻拭琥珀表面，稍后用布将多余油渍揎掉，可恢复光泽。

（8）可使用不带磨砂颗

蜜蜡观音头＋金珀观音

粒的温性牙膏为琥珀去除污痕，不过应谨慎使用。

（9）不要使用超音速的首饰清洁机器去清洗琥珀，这样做可能会将琥珀洗碎。

（10）最好的保养是长期佩戴或把玩，人体内分泌的油脂可以使琥珀越戴越润泽。

（11）比较专业的上光方法是用牙粉混合融化的蜡油，趁混合物还有热度时，在琥珀上来回摩擦上光。

第四节　把玩之道

古代在欧洲，琥珀与金、银一样贵重，只有皇室才能拥有。它是用来交换货物的钱币、祭神的供品，也用来制作皇室珠宝与庙堂圣器。

原珀手把件

中国古代称琥珀为"兽魂"、"光珠"、"红珠"，被视为珍宝。在医学上是难得的药材，具有安定心神、帮助睡眠的作用，更为练气修道者护身助气的宝物。在佛经中琥珀、金、银、琉璃、砗磲、珊瑚、珍珠等，并列七宝，佛家视为吉祥之物。

琥珀含有一种乙醚油质，可穿过皮肤帮助血液循环，治疗肌肉关节的疼痛与紧张，可醒脑，治轻微的割伤、昆虫咬伤。此外，因琥珀含有极微小的琥珀粒子，容易与皮肤接触进而形成保护膜，是很好的美容品。

蜜蜡寿桃

现代医学还证明，深海琥珀对现代化电器，如电脑、电视及精度仪表所散发的一些有害射线，有很好的吸收作用。俄罗斯科学家研究证实，被人们作为宝石收藏、佩戴的蜜蜡对人体某些病症具有一定的治疗和保健功效。

黄珀佛手

研究认为，蓝蜡所含元素可加速新陈代谢，清除体内毒素，提高细胞抗病力及抗衰老；雪山蜡内含硫元素，有助于畅通气血，佩戴或用来按摩患处，可改善风湿疼痛、腰酸背痛、四肢麻痹、肩周炎等疾痛，对肿瘤、骨质疏松有一定预防作用。

第五节　精品鉴赏

红花珀吊坠

天然红花琥珀是在特殊地质条件下形成
的，产量少，通常是黄金琥珀底，其中
的琥珀花却是红色或橘红色，不同于通
常所见琥珀的色彩一致性，一块琥珀里
两种或三种颜色同时存在，相得益彰。
红花琥珀原本已经稀有，漂亮的天然红
花琥珀能形成这种奇妙图案的，就显得
更为难得了。

多子多福

血珀的色彩浓艳凝重，给人以幸福和宁
静之感。它的静电效应有利于促进肌肤
的血液循环，对改善人的气色有较大的
帮助。对于那些体弱或健康状况不佳的
朋友，经常佩戴血珀吊坠，更会有意想
不到的良好效果。

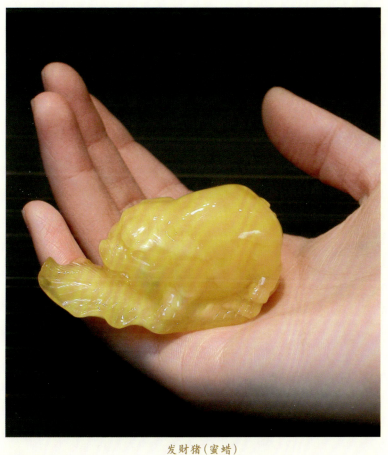

发财猪（蜜蜡）

这是一件非常精美的手把件，金猪俯身菜叶之上，寓意"财源广进，富贵永长"。

红花珀＋珍珠蜜蜡吊坠

金蟾（蜜蜡）

貔貅略谈

　　貔貅是传说中的一种瑞兽，和龙、麒麟一样皆不存在于现实中。《汉书·西域传》记载："乌戈山离国有桃拔、狮子、犀牛。"孟康注："桃拔，一曰符拔，似鹿尾长，独角者称为天禄，两角者称为辟邪。"辟邪便是貔貅了。

　　1. 貔貅的造型

　　如凤凰、麒麟一样，貔貅也分有雌性和雄性，雄性名为"貔"，雌性名为"貅"，但现在已不分雌雄了。还有，古时貔貅是分为一角或两角的，一角称为"天禄"，两角称为"辟邪"，后来再没有分一角或两角，多以一角造型为主。在南方，一般人喜欢称这种瑞兽为"貔貅"，而在北方则依然称其为"辟邪"。

　　貔貅的造型很多，难以细分。经过朝代的演变，貔貅的形态逐渐变得比较统一：龙头、马身、麟脚，额下有长须，两侧有翅膀，会飞，且凶猛威武，如有短翼、双角、卷尾、鬃须常与前胸或背脊连在一起，突眼，长獠牙。现在常见的、较为流行的造型是头上有一角，全身有长鬃卷起，有些是有双翼的，尾毛卷须。它有一个最大的特点，即没有肛门，只进不出，比喻为招财进宝。

　　2. 貔貅的功用

　　貔貅与麒麟有所不同，貔貅是凶狠的瑞兽，有镇宅辟邪的作用，古代还用它来镇墓，是墓穴的守护兽，一般古墓的墓前都可以看到，可知其勇猛。

　　貔貅可摆放在风水的吉位上，很多地理师都认为有催财作用，而在八个不同的方位上，摆放玉貔貅，催财力量会更强。

　　3. 材质

　　从材质上看，貔貅尤其以玉制的催财力最强。对催财、改运、辟邪、护身有特殊的功效。特制成对的玉貔貅尤其适合夫妻、情侣佩戴。因为没有一模一样的玉，所以每对玉貔貅都是独一无二的。

73

伍 玛瑙

玛瑙的名称源于佛经，其梵语本名为"阿斯玛加波"，意为"马脑"。我国汉代以前的史书，将其称之为"琼玉"或"赤玉"，佛教传入我国后，才逐渐演变成为了今天所称的"玛瑙"。

玛瑙是一种胶体矿物，在矿物学中，属于玉髓类。自古以来，玛瑙就受到人们的欢迎，佛教号称有"七宝"，其中之一就是玛瑙。玛瑙由于纹带美丽，自古就被人们所珍爱，出土玉器中，常见成串的玛瑙球，以项饰为多。

玛瑙佛珠

玛瑙主要产于火山岩裂隙及空洞中，也产于沉积岩层中，与水晶、碧玉等一样，也都是一种石英矿，其化学成分也是二氧化硅。玛瑙本身具有坚硬、致密细腻、形态各异、光洁度高、颜色美观而且色彩丰富等特点，是雕琢美术工艺品的上等材料，加上手工艺者以先进的技术与完美的艺术相结合，赋予它奇特的构思、丰富的题材、巧妙的设计和精湛的雕功，使得其在艺术效果的呈现上非凡而超俗。

玛瑙挂件

第一节　玛瑙的分类及特点

玛瑙颜色丰富，种类繁多，分类标准繁多，但主要有以下几种划分方法最为常见。

一、按照颜色划分

1. 红玛瑙

中国自古视红玛瑙为正宗，西汉以前称玛瑙为"赤玉"或"赤琼"就是取"赤红"之意。古籍《拾遗记》中列举前人的说法，认为玛瑙是"恶鬼之血，凝成此物"，现在看来当然是无稽之谈，但以人血色比玉色可谓形象至极，所以古玩行中又有"玛瑙无红一世穷"的

玛瑙"雏菊"项链

75

说法。

这其中又有东红玛瑙和西红玛瑙之分，前者因早年这种玛瑙来自日本，故而得名，是指天然含铁的玛瑙经加热处理后形成的红玛瑙，又称"烧红玛瑙"。后者是指天然的红色玛瑙，其中有暗红色者，也有艳红色者，中国古代出土的玛瑙均属西红玛瑙，这种玛瑙多来自西方，故而得名。

2. 蓝玛瑙

指蓝色或蓝白色相间的玛瑙，优质者颜色深蓝，次者颜色浅淡。当有细纹带构造时，则属于缠丝玛瑙中的品种。目前中国市场上的蓝玛瑙制品，多半由人工染色而成，其色浓艳而均匀，并不难鉴别。

蓝玛瑙珠链

3. 紫玛瑙

这种玛瑙多呈单一的紫色，优质者颜色如同紫晶，而且光亮。次者色淡，或不够光亮，俗称"闷"。紫玛瑙在自然界不多见，亦有染色而成的制品在市场上销售。

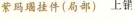

紫玛瑙挂件(局部)

4. 绿玛瑙

自然界没有绿玛瑙，目前中国珠宝市场上的绿玛瑙几乎都是人工着色而成，其色浓绿，有的色似翡翠，但有经验者很易同翡翠区别。绿玛瑙颜色"单薄"，质地没有翠性，性脆；翡翠颜色"浑厚"，质地有翠性，韧性大。

5. 黑玛瑙

黑色的玛瑙在自然界也很少见，目前中国珠宝市场上的黑玛瑙多为人工着色而成，其色浓黑，易与其他黑色玉石相混淆。

黑玛瑙珠链

6. 白玛瑙

白玛瑙吊坠

我国东北辽宁省产出的一种所谓白玛瑙，其实很多属于白玉髓，多用于制作珠子，然后进行人工着色，可以着色成蓝、绿、黑等色。这种白色玛瑙，大块者也用来作为玉器原料，同时在局部染成俏色加以利用。不过，自然界也有一些白色玛瑙，由于颜色不正，一般不受人们欢迎。

7. 其他颜色的玛瑙

其他颜色的玛瑙，均可按不同颜色加以命名。

二、按照条带构造划分

1. 缠丝玛瑙

具有细条带构造的玛瑙，亦称"缟玛瑙"。条带粗细不同，颜色也有变化，可进一步划分为缟玛瑙、

缠丝玛瑙(战国)

红缟玛瑙、红白缟玛瑙、黑白缟玛瑙和棕黑缟玛

瑙等。

2. 带状玛瑙

纹带较宽的玛瑙。

三、按照质地和其他特性划分

1. 透明玛瑙

玉带玛瑙鼻烟壶

透明如水的玛瑙在所有各品种的玛瑙中，透明度越高，质地越佳。

2. 不透明玛瑙

光线透不过玛瑙的，称为不透明玛瑙。

3. 半透明玛瑙

4. 风景玛瑙

玛瑙中出现有棱角的图案，可见各种天然画面。

5. 苔藓玛瑙

玛瑙中有绿泥石矿物时，呈现树枝状花纹或苔藓状花纹。

6. 云玛瑙

质地有云雾感的玛瑙。

7. 火玛瑙

玛瑙中含氧化铁的板状矿物晶体的玛瑙，在阳光

下闪烁火红的光泽。

8. 水胆玛瑙

玛瑙中包裹天然液体的品种，液体常在球状玛瑙

玛瑙雕梅花灵
芝花插(清)

的中心，因形态常似动物的胆囊，故而得名。这种玛瑙在当今的市场上仍能见到，是最名贵的玛瑙种类。《竹叶亭杂记》中曾颇为气愤地记述道："工人掘地得一石（水胆玛瑙），碎之不出。厂官闻之，急令往取水，已散地无余。天生异宝，每误弃于无知者之手，亦何可恨！"

第二节　选择与鉴别

选购玛瑙的时候，有几个基本的标准，即无论何种级别的玛瑙，都以红、蓝、紫、粉红等颜色为最好，并且要求透明、无杂质、无沙心、无裂纹；其中，块重4.5公斤以上者为特级，1.5公斤以上者为一级，0.5～1.5公斤为二级。

山水图鼻烟壶（清）

为了防止购买的玛瑙挂件或手把件是假货，我们应从以下几个方面鉴别：

一、材质

玛瑙手串

从硬度上考察，假玛瑙多为石料仿制，较真玛瑙质地软，用玉在假玛瑙上可划出痕迹，而真品则划不出。

从表面质地看，真玛瑙的破碴或复眼处不亮，而仿制的假玛瑙则发亮，且气泡多。

从等级档次上看，优质高档产品，在用材时经过精选，故一般没有或少有瑕点，而次品上的瑕疵则较多。

从透明度上看，真玛瑙的透明度不如人工合成的好，稍有混沌，有的可看见自然水线或"云彩"；而人工合成的玛瑙透明度好，有的甚至像玻璃球一样透明。

玛瑙金蟾

二、颜色

真玛瑙的色泽鲜明、纯正、协调，而假玛瑙的色和光均差一些，二者对比较为明显。

三、重量

由于仿制玛瑙的材质比重大都比真正的玛瑙小，所以真玛瑙挂件、手把件比人工合成的玛瑙要重一些。

四、手感

真玛瑙冬暖夏凉，而人工合成玛瑙随外界温度而变化，天热它也变热，天凉它也变凉。因此用手把玩一下，就会有明显的感觉。

还有两种同玛瑙成分完全一样的玉（彩）石类，一为玉髓，一为碧石，三者极易混为一谈。但因它们的经济价值各不相同，所以严加区分还是必要的。一般而言，玛瑙具有纹带构造，玉髓不具备任何形态的纹带构造，而碧石

玛瑙

绿玛瑙茶壶

则在矿物成分中混有黏土等矿物杂质。碧石毫无例外地光泽暗淡，透明度差；玛瑙和玉髓则必须在10厘米以上的原料块体上观察才能加以区分。如前所述，碧石同样有若干品种，却远不如玛瑙和玉髓值钱。

第三节　玛瑙的功效

玛瑙之所以受到人们的喜爱，不单是因为其材质细腻而且颜色丰富，更重要的是它对人体有很多的益处。

根据医学研究，玛瑙不仅可以加强人体的血液循环，促进新陈代谢，对皮肤有美容养颜之效，而且还能够调理女性荷尔蒙的分泌，治疗妇女病等多种功效。

红玛瑙＋白水晶手链

玛瑙的实用价值在于它是很好的散热型装饰品，夏天佩戴玛瑙挂件或者把玩玛瑙手把件，不但能舒筋活血，而且凉爽宜人。

玛瑙鼻烟壶

此外，由于玛瑙中富含铁、锌、镍、铬、钴、锰等多种微量元素，所以，长期佩戴玛瑙挂件或者把玩玛瑙手把件对身体健康非常有益。

第四节　收藏与保养

玛瑙的保养，特别要注意如下几个方面：

一、不要碰撞硬物或是掉落，不使用时应收藏在质地柔软的饰品盒内。

二、要尽量避免与香水、化学剂液、肥皂或是人体汗水接触，以防受到侵蚀，影响玛瑙的鲜艳度。

三、要注意避开热源，如阳光、炉灶等，因为玛瑙遇热会膨胀，分

玛瑙鸳鸯同心坠

子体积增大影响玉质，持续接触高温，还会导致玛瑙发生爆裂。

四、玛瑙要保持适宜的湿度，尤其是水胆玛瑙在形成时期里面就存有天然水，如果周围的环境很干燥，就会引起里面天然水分的蒸发，从而失去其收藏的艺术和经济价值。

第五节　精品鉴赏

金蟾

作品中精雕一只精巧可爱的金蟾，金蟾背上分布着大小钱钮，栩栩如生。古时人们相信蟾能避兵危，镇凶邪，助长生，是主富贵的吉祥之物，我国民间亦有"刘海戏金蟾，步步得金钱"的传统寓意，认为得之可财源广进。

弥勒佛

弥勒佛是中国民间普遍信奉、广为流行的一尊佛。"弥勒"是梵文Maitreya的音译简称，意思是"慈氏"。据《阿弥陀经疏》解释："或言弥勒，此言慈氏。由彼多修慈心，多入慈定，故言慈氏，修慈最胜，名无能胜。"玛瑙是"佛教七宝"，而红玛瑙尤其为人们所珍视，因此这件作品真正称得上是材、质一体，非常宝贵。

红玛瑙生肖挂件

这串挂件的材质为红色玛瑙和黑色天珠，红色的玛瑙给人一种火焰般跳动的感觉，而黑色的天珠则带给人一股雪域高原的神秘氛围。尤其值得说明的是，在红色的玛瑙珠之内，一条神犬蓄势待发，活灵活现，不由得让人感叹天地造化之妙、自然构思之奇。

陆 其他材质

从材质上来说，除了以上介绍的，像天珠、水晶、橄榄核、金银等均可以作为挂件或手把件。但由于珍珠和金银等大多不宜把玩，而水晶和橄榄核则在以前出版的把玩系列图书中有所阐述，所以在本章内笔者对这些材质的挂件和手把件仅以精品展示的方式供读者参考。

一、藏饰

人头骨挂件

天珠挂件

在西藏，天珠是神的礼物，更预示和护佑着佩戴者的命运。这串天珠挂件，由西藏特有的天珠和牦牛骨串缀而成，充满了独特的藏域风情，让人爱不释手。

二、象牙

观音（背）　　观音（正）

此为西伯利亚冻土层中的猛犸象牙所雕

象牙佛珠

猛犸象牙挂件

三、金饰

金耳坠（商）

金制项链吊坠
（6500年前希腊）

白金吊坠

太阳之恋彩金吊坠

白金吊坠

黄金吊坠

十二生肖银吊坠

藏银项链

四、水晶

碧玺项链

碧玺晶体的颜色多达15种复色之多，颜色以无色、玫瑰红色、粉红色、红色、蓝色、绿色、黄色、褐色和黑色为主。其中更以通透光泽的蔚蓝色、鲜玫瑰红色及粉红色加绿色的复色为上品。碧玺由于颜色鲜艳、多变而且透明度又高，自古以来深受人们的喜爱。据历史记载，清朝慈禧太后的殉葬品中，有一朵用碧玺雕琢而成的莲花，重量为36两8钱以及西瓜碧玺做成的枕头，时价75万两白银。

石榴石项链

石榴石晶体与石榴子的形状、颜色十分相似，故名"石榴石"。宝石级石榴石的标准要求为：透明度好，颜色鲜艳，粒径大于5毫米。经常佩戴石榴石有助于改善血液方面的毛病，促进循环、增进活力，进而可以收到美容养颜的功效，是女士们的首选和至爱。

彩发晶圆珠项链

紫水晶项链

双色碧玺双獾坠(清)

黄水晶吊坠

黄水晶，又称"财富之石"，可以帮助佩戴者积聚财富。此外，黄水晶还有助于让佩戴者心境情绪平缓。

施华洛士奇水晶坠

19世纪末，施华洛士奇创始人创造了全球首屈一指的切割人造水晶。每颗水晶都造型简单耐看，是当今的时尚潮流先趋，可依个人穿着随意搭配。

茶晶流星雨项链

红发晶吊坠

水晶吊坠

紫水晶吊坠

钛晶吊坠

钛晶吊坠

五、橄榄核

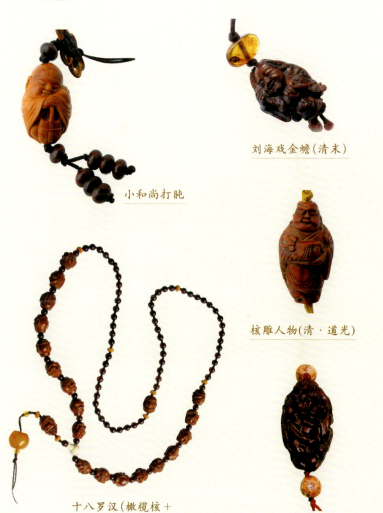

小和尚打盹

刘海戏金蟾(清末)

核雕人物(清·道光)

十八罗汉(橄榄核+
血珀+金珀+象牙)

春宫图(清)

六、珊瑚

银镶珊瑚挂件

珊瑚＋翡翠挂件

珊瑚＋金珀挂件

珊瑚挂件

水晶饰品选购要点

1. 选料

选料精良的水晶制品，应看不到星点状、云雾状和絮状分布的气泡状物质。质地以纯净、光润、晶莹为好。

2. 做工

水晶制品加工过程分为两种，即磨工和雕工。一件做工好的水晶制品应考究精细，不仅能充分展现出水晶制品的外在美（造型、款式、对称性等），而且能最大限度地挖掘其内在美（晶莹、俏色）。

3. 抛光

抛光的好坏直接影响到水晶制品的身价。水晶在加工过程中须经过金刚砂的琢磨，粗糙的制作会使水晶表面存在摩擦的痕迹。好的水晶制品自然透明度、光泽都比较好。孔眼对于缀穿水晶制品，要看孔眼是否平直，孔的粗细是否匀称，有无细小裂纹。孔壁必须清澈透明，无"白痕"。

4. 颜色

即使在同一种类的水晶中，它的不同部位的纹理、色泽也各有千秋。属于单色的，要色度均匀；在同一块水晶上有深浅的，则要求其色调纹路美观大方。一般来说，以浓艳为佳。

5. 协调

购买水晶首饰时，应试戴一下，看其大小、松紧、长短。如是镶嵌饰物，看是否牢固、周正，是否协调统一。此外，还应注意水晶首饰的款式、色彩是否与自己的身材、肤色、脸形和服装协调。

柒　选择、佩戴挂件的学问

第一节　如何保证质量

在选购挂件时，我们一般应当注意以下几点：

（1）到有信誉的商家购买。

（2）要求商家在销售凭证上写明所购挂件的名称、成色、质量等相关的信息，并保存好销售凭证。

　（3）如果是金银等贵金属，还应当查看挂件上的印记和标志牌。

　（4）此外，我们还需注意挂件上的镶石、串绳、定位珠或焊接处是否牢固，有无断裂、毛刺、沙眼等缺陷。

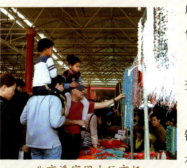

北京潘家园古玩市场

（5）最后，如果对所购挂件的质量有疑问，可以到有关质检机构进行检测、鉴定。

第二节　体型与挂件

挂件选择适当，可以为人们增光添彩，反之则恰恰相反。因此，如何佩戴挂件就有了品位的高低俗雅之分，特别是配合自身的体型特征则更有讲究。

一、肥胖型身材

适宜选择长而细、大而多姿的挂件造型，这一类的挂件明亮迷人、比较容易吸引他人的视线，使人对佩戴者的体型就不那么注意了。

反之，如果选择了粗而短的造型，则会给人一种错觉，以为佩戴者的脖颈更为粗短，这就有些得不偿失了。

二、清瘦型身材

这种体型的身材，整个人显得单薄、瘦弱、脖子细长，所以选择挂件的原则是淡饰中央而光彩两侧。具体而言，就是挂件或吊坠适宜选择细小而简洁的造型，并且不宜过长。

三、偏矮型身材

这种体型的人选择挂件的原则是以柔克刚、冲淡硬气，增添纤柔感。因此，挂件宜选细长简洁的，并最好与颜色淡雅的吊坠相配。

四、偏高型身材

这种体型的人在选择挂件上与清瘦型类似，应是光彩两侧，淡化中央。但应注意的是挂件宜粗而长，吊坠的造型要大而丰富，这样会给人一种端庄大方的感觉。

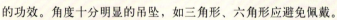

第三节　脸形与挂件

就脸形而言，一个最根本的原则就是：挂件的形状避免重复你的脸形，也不可与脸形极端相反。

一、正三角形脸

吊坠：应选择"下缘小于上缘"的形状，才能达到平衡下颚宽度、创造柔美脸部线条的功效。角度十分明显的吊坠，如三角形、六角形应避免佩戴。

挂件：如果您选择"下缘大于上缘"的坠子，再加上在胸前所呈现出的"V"字形线条，会将你雍容典雅的气质衬托得淋漓尽致。

二、苹果形脸

吊坠：为了塑造出脸部长度增加、宽

度减少的视觉效果，应选择如长方鞭形、水滴形等类耳环和坠子，它们能让你丰腴的脸部线条，柔中带刚，更添几番英挺之气。

挂件：圆脸形的人可利用挂件的"V"字形效果装饰，拉长脸部线条，展现温婉中的清秀与典雅。

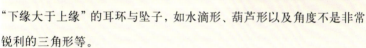

三、瓜子形脸

吊坠：瓜子脸的下巴比较尖，适合佩戴"下缘大于上缘"的耳环与坠子，如水滴形、葫芦形以及角度不是非常锐利的三角形等。

挂件：任何戴起来能够产生"圆效果"的挂件，都可以增加瓜子脸美人下巴的分量，让整个人的脸部线条看起来比较柔和。

四、菱形脸

吊坠：属此种脸形的人，最好的一个选择莫过于"下缘大于上缘"的形状，如水滴形、栗子形等，而应避免佩戴像菱形、心形、倒三角形等坠饰。

挂件：任何戴起来有"圆效果"的挂件都适合菱形脸美人。

五、方形脸

有坠子或长于锁骨的挂件，会在佩戴者的胸前形成一个"V"字形或优美的弧形，可以平衡较宽的下颚骨线条，脖子较短的人，戴长度在锁骨的下面、胸腺中间以下位置的挂件会比较好看。

六、鹅蛋形脸

吊坠：任何适合自己脸部皮肤色调、脸形大小、个人风格的耳环与坠子都可尽情佩戴。

挂件：只要适合你穿着打扮的风格，不论佩戴什么形状的挂件都会显得很好看。

七、长形脸

吊坠：可佩戴形如圆形、方形扇横向设计的珠宝挂件，它们或圆润或方正的弧线，能够巧妙地为佩戴者增加脸的宽度、减少脸的长度。

挂件：比较适合佩戴具有"圆效果"的挂件，环绕在颈间能够让佩戴者散发出独特的个人魅力。

第四节　肤色与挂件

不同的挂件具有不同的色彩，戴在不同肤色的人身上，则会出现

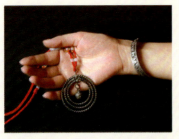

不同的视觉效果，有漂亮、有潇洒、有勉强、有粗俗，这都是肤色与挂件色彩配比的结果。

对于肤色红润的人来说，可选择色彩鲜艳的挂件，如彩珠挂件、仿彩珠挂件和骨木挂件等，这些挂件

与这类肤色相配，显得丰满健美。

对于肤色较白的人来说，可选择带宝石的金属挂件、翠珠挂件以及贝类雕刻挂件，这些挂件与洁白的肤色相配，有文静秀美之感。当然，对那些肤色过白者来说，钻石挂件、水晶挂件则不太合宜，这会使肤色显得更加苍白。

对于肤色略黄的人来说，选择白金挂件、白银挂件、象牙挂件是很恰当的，它们能增添使用者的优雅姿色；其他若选择绿色宝石的挂件，或者彩球挂件，也很有气质。但尽量不要选择红色或黄色的珠宝挂件，这会使肤色更趋深暗，从而失去韵味。

肤色黝黑的人多半工作或生活在户外，为了适应这一情况，在选择挂件时，可选择华丽些的珍珠挂件，或者是风格粗犷的雕刻类挂件，这有助于表现佩戴者的阳刚之气。

那些肤色灰青的人，选择钻石挂件、白金挂件，能突显这类肤色的刚毅之概，若选择皮质类挂件，则能增添一丝活泼感，以减去肤色的生硬感。

对于肤色蜡黄的人，宜选择蜜蜡、红玛瑙一类的挂件，用热烈的色彩来增进佩戴者的血气，以减少佩戴者经常出现的病态感。

101

第五节 挂件的佩戴规则

随着全球化的发展，整个世界变得愈来愈小，人们之间的社会交往也更为频繁，因此佩戴挂件，除了上面所说的搭配技巧，还应当遵循必要的社交礼仪，这样才能让自己精心选择的挂件发挥其应有的美化、装饰功能，而不至于弄巧成拙，贻笑大方。

从社交礼仪的角度看，挂件的佩戴应当注意以下几个方面的规则：

一、数量规则

从数量上看，佩戴挂件应以少为佳，必要时甚至一件都不戴。如果身上还有其他饰品，那么佩戴的总数以不超过三件为佳。

二、色彩规则

佩戴挂件时，应注意和其他饰品的颜色保持一致。最忌讳的是所戴饰品色彩斑斓、花里胡哨，好像圣诞树一样，非常不雅。

三、质地规则

不同的挂件和不同的场合相适应，应当加以注意。如果是在休闲场合，佩戴玛瑙、水晶、菩提子、橄核雕等质地的挂件是比较适合的；而在比较高层次的场合，聚会中金银珠宝等质地的挂件就显得庄重、典雅。

四、身份规则

选戴挂件的时候，不仅要照顾个人喜好，更应当符合自己的身份，要充分考虑自己的性别、年龄、职业、工作环境等因素，而不宜使之相去甚远。

五、季节规则

戴挂件时，应与季节相吻合。一般而言，季节不同，所戴挂件也应不同。蜜蜡、玛瑙、金银等深色挂件比较适于秋冬季节佩戴，而珍珠、水晶等挂件则比较适合春夏两季。

六、个性原则

我们佩戴饰品，除了其固有的审美需要外，还应当借此凸现自我的个性，尤其是在当今这样一个需要个性、张扬个性的年代，更是如此。例如，喜欢时尚的女性可以佩戴造型夸张的挂件，淑女风格的女性要选择质地轻盈的挂件，知识女性要选择设计精良的挂件以体现其品位与内涵，而豪爽的女性则可以选择粗犷风格的藏饰挂件等。

七、习俗规则

不同的地区、不同的民族，习俗各不相同。因此戴挂件的时候，应当遵守各个不同国家、地区、民族的习俗。由于篇幅的原因，这里不再详细论述，希望有心的读者多加留意即可。

小贴士

挂件 DIY

　　人们需要 DIY，正如人们需要个性，需要与众不同，因为谁也不想湮没在大众人群中。对于挂件的搭配（材质、颜色、造型等），由于主观性很强，很难有统一的标准，说得太多、太死，反而会束缚制作者的创造力，因此就不多说了。

　　在这一章中，笔者将着重介绍一些关于挂件DIY的基础知识，希望对有兴趣的读者有所助益。

DIY 常用工具及其用途

1.金属钳类

（1）打圈钳：主要用来弯"9"字针。

（2）平口钳：主要用来合龙单圈、各类配件
　　　以及对各类配件进行打磨光滑等。

　　　（3）剪钳：主要用来剪各类金属线、圈等。

2.串珠针类

（1）"9"字针：形状像一个"9"字，主要用来连接珠子，将各类设计好的珠子穿入针里，然后在直的一端再弯一个圈，这样圈圈相连就可以起到连接作用。

　　"9"字针有长、中、短多种型号，可以根据实际需要加以选择。

（2）"T"字针：功能和"9"字针一样，都是起连接作用的。不过，二者有一些区别："9"字针可以连接两头，而"T"字针只能连接一头，另外一头就是挂件的结尾处了。

3.扣圈类

　　各类扣类主要用于挂件的接口处，与单圈以及链扣连接环结合使用，就可以完成挂件的接口。

(1) OT 扣
(2) 龙虾扣
(3) 圆形链扣
(4) 链扣连接环

4.线材类

在挂件DIY中，线材主要用于挂件的连接。线材的种类很多，制作者可以根据个人喜好和实际情况加以选择，但必须注意，无论是何种线材，一定要很坚韧才可以。

DIY 技巧及注意事项

（1）挂件的主串珠与配件种类繁多，光是主串珠的种类，就因颜色、材质、大小、色彩的不同，而有明显的差异，选择时一定要多加注意。

（2）在开始制作前，一定要有一个整体的思路，以免做无用功。

（3）如果钓鱼线穿立体饰物，穿好以后，还应沿着饰物的脉络再从头到尾穿一遍，这样才不易松散。

（4）如果装饰用的小珠子穿错了，用钳子捏碎即可。

（5）收线的时候要打两次平结，并且将两端线头再往回穿过2~3颗珠子，以防线头松脱，然后将线剪断。

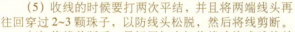

（6）将线剪断后，最好用打火机将线头烧成球状并蘸一些胶水，可以防止线头松散。

（7）如果穿线的过程中发现线材长度不够，可以先用收线的方式结束，然后再拿新的线材穿到珠子上，继续完成即可。

DIY艺术构思示例：翡翠水晶小银鱼儿。

一个DIY的挂件必须有独特的构思方能凸显Diyer的审美情趣和个性；它很独特，是自己真正专有的，别处绝不可能买到第二件——这也是DIY的真谛所在。

这件"翡翠水晶小鱼儿"挂件由三部分组成：银质小鱼儿项圈；一只银质加透明水晶（海豚抱水球）的耳坠；一个翠绿色的翡翠项坠。作品立意非常明确：自由欢愉的意象——小鱼儿项圈；高兴地冒着泡泡儿——那只闪亮的水晶耳坠；身边绿意盎然的水草——那个翡翠项坠。原本三个孤独者在主人的一闪念之下，形成了一个完美的整体，在彼此的映衬下，焕发出了崭新的魅力。

精品拍卖价格

名称	年代	成交价（元）	拍卖单位	拍卖时间
青白玉挂件（四件）	清	13200	中国嘉德	2006
童子戏鹅白玉挂件	清	7314	香港淳浩	2006
和田籽玉挂件	民国	30800	中拍国际	2006
舞人玉挂件	汉	165000	江洋富通	2006
雕马纹白玉挂件	清	8533	香港淳浩	2006
白玉挂件（两件）	汉	64607	香港淳浩	2006
银烧蓝镶白玉挂件	清	12100	北京翰海	2006
玉挂件	清	4632	香港淳浩	2006
福从天降白玉挂件	清	1980	上海华星	2005
白玉挂件	当代	5500	上海拍卖	2003
青白玉挂件（五件）	清	6600	中鸿信	2003
白玉挂件	清	2200	北京翰海	2003
翡翠挂件	当代	66000	中拍国际	2007
翡翠挂件	当代	22000	中国嘉德	2006
翡翠挂件	当代	495000	中国嘉德	2006
福在眼前翡翠挂件	当代	660000	北京保利	2006
合家幸福翡翠挂件	当代	770000	北京保利	2006
马上封侯翡翠挂件	当代	33000	北京保利	2006
高翠翡翠挂件	当代	33000	北京保利	2006
冰清玉洁翡翠挂件	当代	33000	北京保利	2006
福寿归主翡翠挂件	当代	44000	北京保利	2006
冰种翡翠挂件	当代	44000	上海博海	2005
犀角雕瑞兽挂件	清	3300	太平洋	2007
犀角雕荷叶纹挂件	清	7700	北京传是	2006
犀角雕双獾挂件	清	2860	北京传是	2006

名称	年代	成交价（元）	拍卖单位	拍卖时间
角雕瑞兽挂件	清	440	北京传是	2006
角雕三羊开泰纹挂件	清	110	北京传是	2006
犀角雕鹰挂件	清	1320	北京传是	2006
银烧蓝角雕挂件	清	1650	北京传是	2006
犀角雕瑞兽纹挂件	清	1980	北京传是	2006
犀角雕马上封侯挂件	清	33000	北京传是	2006
犀角雕合和二仙挂件	清	4180	北京传是	2004
犀角螭龙纹寿字挂件	清早期	8250	福建拍卖	2004
犀牛角挂件（双鱼）	清	19800	上海拍卖	2004
犀牛角挂件（蝉）	清	6600	上海拍卖	2004
犀角雕龙挂件	清	4180	北京翰海	2004
犀角雕蝉挂件	清中期	44000	北京翰海	1996
象牙手把件	明	1100	上海博海	2007
翡翠雕龙手把件	当代	88000	中鸿信	2006
翡翠俏色横财手把件	当代	6600	中鸿信	2006
青白玉骑鹅童子把件	明	11000	中拍国际	2007
橄榄核雕仙人乘舟填诗把件	清乾隆	440	上海博海	2006
羊脂籽玉多子多福把件	当代	107800	北京嘉信	2006
榴开百子把件	当代	13200	北京嘉信	2006
白玉雕瑞兽戏球把件	明	6600	北京舍得	2006
青玉雕瑞兽把件	明	5500	北京舍得	2006

鸣　谢
　　在本书的写作和图片搜集过程中，我们得到了很多企业和个人的大力支持和帮助，在此一并表示真挚的谢意。

琥珀	金中华琥珀	徐日	朝阳区潘家园旧货市场甲010号
玉石翡翠	玉鑫轩	梁金保	朝阳区潘家园旧货市场丁排17号
寿山石等	名石轩	林春来	朝阳区潘家园旧货市场甲排32号
水晶	翔龙水晶	霍学祥	朝阳区潘家园旧货市场甲排29号
橄榄核雕	明轩核雕	颂明华	朝阳区十里河华声天桥文化园31号

图书在版编目（CIP）数据

挂件　手把件把玩与鉴赏 / 何悦，张晨光编著. —
2版（修订本）. — 北京：北京美术摄影出版社，2012.7
（把玩艺术系列图书）

ISBN　978-7-80501-484-5

Ⅰ．①挂… Ⅱ．①何… ②张… Ⅲ．①石料美术制品
—鉴赏 Ⅳ．①TS933

中国版本图书馆CIP数据核字(2012)第100296号

把玩艺术系列图书

挂件　手把件把玩与鉴赏（修订本）
GUAJIAN SHOUBAJIAN BAWAN YU JIANSHANG

何　悦　张晨光　编著

出　　版	北京出版集团公司
	北京美术摄影出版社
地　　址	北京北三环中路6号
邮　　编	100120
网　　址	www.bph.com.cn
总 发 行	北京出版集团公司
经　　销	新华书店
印　　刷	北京画中画印刷有限公司
版　　次	2012年7月第2版　2015年12月第4次印刷
开　　本	889毫米×1194毫米　1/36
印　　张	3
字　　数	50千字
书　　号	ISBN 978-7-80501-484-5
定　　价	28.00元

质量监督电话　010-58572393

三好图书网
www.3hbook.net
好人·好书·好生活

我们专为您提供
健康时尚、科技新知以及**艺术鉴赏**
方面的正版图书。

入会方式

1.登录www.3hbook.net免费注册会员。
（为保证您在网站各种活动中的利益，请填写真实有效的个人资料）

2.填写下方的表格并邮寄给我们，即可注册
成为会员。（以上注册方式任选一种）

会员登记表

姓名：＿＿＿＿＿＿　　性别：＿＿＿　年龄：＿＿

通讯地址：＿＿＿＿＿＿＿＿＿＿＿＿＿＿＿＿＿＿

＿＿＿＿＿＿＿＿＿＿＿＿＿＿＿＿＿＿＿＿＿＿＿＿

e-mail：＿＿＿＿＿＿＿＿＿＿＿＿＿＿＿＿＿＿＿

电话：＿＿＿＿＿＿＿＿＿＿＿＿＿＿＿＿＿＿＿＿＿

希望获取图书目录的方式（任选一种）：

邮寄信件 □　　　　　e-mail □

为保证您成为会员之后的利益，请填写真实有效的资料！

会员优待

· 直购图书可享受优惠的
折扣价
· 有机会参与三好书友会
线上和线下活动
· 不定期接收我们的新书
目录

网上活动

请访问我们的网站：
www.3hbook.net

三好图书网
www.3hbook.net

地　址：北京市西城区北三环中路6号 北京出版集团公司7018室　　联系人：张薇
邮政编码：100120　电 话：(010) 58572289　传 真：(010) 58572288

新书热荐

品好书，做好人，享受好生活！